せいぞろい

へんな いきもの

世にも奇妙な生物グラフィティ★実在です！

早川いくを
絵｜寺西晃

basilico

イラストレーション：寺西晃

本書は既刊「へんないきもの」と「またまたへんないきもの」
から一部コラムを割愛し合本としたものです。

せいぞろい へんないきもの　目次

いきもの夫婦善戦

男には男の武器がある、というが・・・

タコブネ

貝殻入りのタコである。それだけでも十分ヘンテコだが、そのオス・メスの営みは宇宙一奇妙だ。オスには殻はなく、立派な殻を持つのはメスだけだ。その上オスの体長はメスの**20分の1**。メスからすればゴミのような存在である。

だがその矮小なオスは1つの大きな特徴を持っている。8本足の他に1本、精子袋を格納する交尾用の「ペニス足」を持っているのだ。オスは一軒家ほどに巨大なメスを見つけると、いそいそと近づいてこのペニス足を挿入する。

だがあろうことかそれは**挿入後ブツリと切断されてしまうのである**。そしてメスは体内に残された複数のオスのペニス足で受精するのだ。ペニス増大薬を飲み、「チントレ」と称して日夜その種の鍛錬に励む諸兄におかれては、前を押さえて逃げたくなるようなフロイト的悪夢である。タコブネ夫に生まれなかったことを感謝して欲しい。

オスのペニス足は2ヶ月ほどで再生するそうで喜ばしいが、お役にたったらまたブツリと切られるのである。

[タコブネ]

タコ・イカの仲間で頭足類（とうそくるい）の、カイダコ類に属する。太平洋・日本海の暖海域に生息。タコ同様肉食で、稚魚や甲殻類を食べる。普段は海中を漂うが、水を噴射して進むこともできる。雄の「ペニス足」は交接腕と呼ばれるもので、最初に発見されたときは寄生虫と思われたという。雌は貝殻の内側に卵を房状に産みつけ、新鮮な海水を送り込むなどして保護する。

タコブネの雌

タコブネの貝殻は繊細で美しいフォルムを持ち、
工芸品にもなっている。中身は単なるタコである。
貝の一部が壊れると修理することもある。

弱者集いて不善をなす

オニダルマオコゼ

新橋あたりの飲み屋でくだ巻く熟年にこういうタイプがいたりする。憎めぬご面相だが実はこの魚、猛毒をもつ眼光炯々《けいけい》たる狩猟者である。ごつごつした体表で砂地や珊瑚礁に見事に擬態し、そして獲物の小魚が通ると瞬きする間に呑み込んでしまう。背びれのとげはダイバーのブーツも突き通し、刺されると呼吸困難、神経麻痺を起こし、死亡することもあるという**魚類では最も強力な猛毒**を持つ。

このオニダルマオコゼに対し、小魚たちが「モビング」という行動を起こすことが知られている。モビングとは、邪魔な動物を大勢で取り巻き、目の敵《かたき》とばかりに、監視したり追い立てたりするような行動で「疑攻撃」などともいわれている。猛毒の狩猟者もモビングされるとさすがになすすべもなく、すごすごと去るしかない。

こういった行動は浅ましき動物界のことだけかと思いきや、万物の霊長・ヒトの職場でも増加しているという。叱咤暴言無視中傷、出張ミヤゲのまんじゅうすら分けないなどといった心卑しきモビング行為が、オフィスで、会議室で、給湯室で、日夜繰り広げられている。

そして、モビングを被った者は、飲み屋で梅酎ハイ片手に「俺は本当は猛毒を秘めた男だぜチキショウ」などと息巻くことになるのだが、そんな繰り言は当然誰も聞いていないのであった。

[オニダルマオコゼ]

体長40センチ。太平洋西側、日本では奄美大島以南に分布。海底の岩礁、珊瑚礁などに擬態し、身を潜める。餌をとるとき以外はあまり動かない。英名をPoison Scorpionfish、またはStone fishといい、猛毒をもつ。背びれの13本の毒棘にある、ハブの80倍ともされる高タンパク質系の猛毒にやられると、人間の場合、嘔吐・呼吸困難が起こり、ひどい場合は心臓が停止することもあるという。

愉快な顔だが危険

体表の色とトゲで海底の岩や珊瑚になりすます。
猛毒と固いトゲで防備は完全のようだが、それでもウツボなどに丸呑みにされることもある。

似ているタイプ

皮膚病を治す神の魚

ドクター・フィッシュ

乾癬《かんせん》とは、発疹により皮膚が著しく荒れてしまい、患者に精神的な苦痛をもたらす皮膚病の一種である。根本的な治療法はまだ見つかっていない。

トルコのシワス県、カンガルの温泉に棲むドクター・フィッシュと呼ばれる小魚は、この乾癬を治療するといわれている。人間が湯に浸かると大勢の魚が集まり**皮膚病の患部だけをきれいに食べてくれるのだ。**しかもただ食べるだけではない。この魚には「執刀」「瀉血《しゃけつ》」「処置」の3種類が作業別に存在し、「執刀」が患部をそぎ落とし、「瀉血」がその部分の血を吸い出し、「処置」が舐めて唾液で止血するという実に丁寧な「治療」を行ってくれるのだ。

自然界には共利共生の関係がある。この魚にとっても人間の皮膚は貴重な蛋白源で、患部だけを食べるのは単に食べやすいからだともいう。だが、丁寧に血止めまでしてくれるのは何故なのだろうか。

現代医学でも治療法が見つからない病気を、この奇妙な小魚たちは黙って治してくれる。地元では「神の奇跡」とされているが、治療率80%という実績を見れば、うなずかざるを得ない。封建的な医局なるものに支配され、医療ミスを隠蔽《いんぺい》したりする大学病院などより魚の方がよほどいいかもしれない。

［ ドクター・フィッシュ ］

ガラ属というコイの仲間で、体長14センチほど。雑食で普段はプランクトンなどを食べている。温泉に棲むものは30度を超す温度にも耐えられる。トルコ南部、西アジア、チグリス-ユーフラテス川の流域などに棲息。

乾癬の患部を"治療"する魚

旅行代理店などでは、このトルコの治療体験ツアーなどを組んでいるところもあるようだ。

未確認生命体《UMA》

UMA発見の夢の跡

ウバザメ

全長10メートル重さ4トン、「ジョーズ」ことホオジロザメより大きい鮫である。巨大で、凶暴で、船を食いちぎる恐怖の人食い鮫…などと書きたいところだが、バカザメと呼ばれてしまうほどおとなしく主食もプランクトンである。トンネルのごとき大口を開け、何トンもの海水を丹念に濾過《ろか》し、微生物をエラで漉《こ》し取るのだ。地道きわまる食餌法だが、小口顧客を丹念に囲い込むようなもので、意外と利益は大きいのであろう。

昭和52年、マグロ船瑞洋丸《ずいようまる》はニュージーランド沖で首長竜のような腐乱死体を引き上げ、ニューネッシーと呼ばれ話題となった。例の写真で有名なアレである。船長の田中さんの「あまりの臭さに死骸は捨ててしまった」との談話に日本全国の少年（およびスキモノなオトナ）は「バッキャロー!!」と叫んで頭を掻きむしったが、持ち帰ったヒゲ部分の成分調査から、「ニューネッシー」はウバザメであることがほぼ確定してしまった。ウバザメの死骸から下顎《あご》がとれてしまうと、ちょうど首長竜のような格好になってしまうのだ。しかし断定されてしまった今でも「いやしかし‥‥」といまだ**思いを捨てきれない**UMAファンが全国に350人ぐらいはいるはずである。

［ ウバザメ ］

全長10メートル。太平洋、大西洋、南インド洋の寒帯から温帯にかけて広く分布。時速3キロほどで泳ぎながら鰓耙（さいは）と呼ばれる部分で海水を濾過し、エサのプランクトンを漉し取る。絶滅が危惧されるとして、ワシントン条約で取引規制対象種に決定された。

ウバザメの食事

性質はおとなしいが、プランクトンのいる海面近くを泳ぐため、
小舟などが衝突すれば簡単に転覆してしまう。

有名な例の写真

無表情で無脊椎なチアリーダー

キンチャクガニ

ゴドラ星人似のこのカニは両手に「ボンボン」を持っている。ボンボンを左右に振る姿はチアリーダーのようだが、別に何かを応援しているわけではない。これは実はイソギンチャクで、彼らはこのイソギンチャクにエサをとらせたり、敵を追っ払ったりして、**いいように利用**して生きているのだ。カニは移動性というイソギンチャクのメリットを盾に、これは共利共生である、と主張するかもしれないが、かなり一方的である。しかもそれなくしてはもはや生きていけないのだ。女に寄生するヒモのようなものである。金づるを失っては大変なので、**絶対放さないよう、**ハサミもイソギンチャク挟みに特化した進化を遂げている。

キンチャクガニ同士が顔付き合わせて、ボンボンをリズムに合わせて左右に振っていることがある。先輩のチアリーダーが後輩に「クリスティ、そうじゃないわ、こうよ！」と指導しているのでは無論ない。これは縄張り意識の強いこのカニが、相手を領土から追い出そうと、イソギンチャクの武器で威嚇《いかく》しあっているのだ。

だが、お互いに手の内がばれている武器で威嚇しあっても何の意味があろうか。このカニは「道具を使う唯一の無脊椎動物」などとおだてられていい気になっているが、一向にそこに気づかぬあたりが**甲殻類の限界**というものであろう。

[キンチャクガニ]

体長3センチほど。伊豆大島以南の太平洋に広く分布する。サンゴ礁の珊瑚の隙間、石の下などに棲む。小さなイソギンチャクを持ち、エサ集めや威嚇をする。キンチャクガニの仲間は現在8種ほど知られているが、どこでイソギンチャクを入手するかなど、生態が解明されてない点も多い。

片時もイソギンチャクを手放さない

エサを食うときですら離さないが、脱皮のときだけは脇にそっと置き、
体が固まるとまた持ち直すという。
イソギンチャクは「カニハサミイソギンチャク」という種類だが、
カニに挟まれている状態でしか発見されておらず詳しい生態も不明。

最初から守りに入ってる人生

ハリモグラ

哺乳類のくせに卵を産み、カンガルーのように子供を腹の袋で育てる。また体の代謝を自分で調整できるという技を持つ。それだけでも十分珍獣の名に値するが、その上全身に針を生やしている。モコモコと動くさまは愛らしいがうっかり抱きしめたりすると血だらけだ。この鋭い針だけでも防備は完璧に思えるが、敵が近づくとさらにボールのように丸まって**ウニ**のようになってしまう。こうなると敵はちょっと手が出せない。そしてさらには潜水艦のように地中に垂直に急速潜行してしまう。こうなるともうまったく手は出せない。その過剰防衛が功を奏しているのか、これといった天敵もいない。

だが、生きることの無意味さを悟るのでもあろうか、何故か晩年になると針も毛も抜け落ち、**僧形となって渋い余生を過ごす**のだった。

［ ハリモグラ ］

オーストラリア、ニューギニアに生息。体長50センチほど。主食はアリや白アリ、イモムシなどで、細長い舌で舐め取って食べる。歯はないため、食べ物は口蓋ですりつぶす。単孔目（たんこうもく）と呼ばれる原始的な哺乳類の仲間で、カモノハシのように卵生である。寿命ははっきりしていないが、49年生きたという飼育記録もある。

地中に急速潜行するハリモグラ

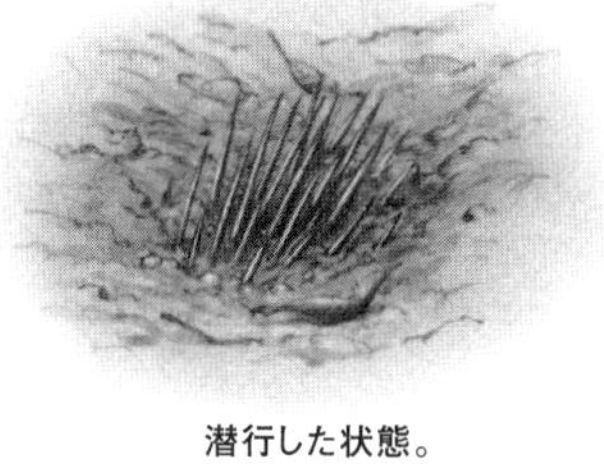

潜行した状態。
どうにも手のつけようがない。

サメ一家の末席を汚しやす

カスザメ

生物学的には立派な鮫であるが、その扁平な姿はどうみてもエイである。海のヤクザ、サメ一家の中では「おめえみてえなのはサメじゃねえよ」とつまはじきにあうのではと余計な心配をしてしまうが、名前からしてカスだから仕方がない。そして他の勇猛なサメの兄貴に比べ、そのしのぎの手段とは、「新宿鮫」が聞いたら怒るのではと思うほどまことにせこい、「だまし討ち」である。

海底の砂に潜って身を潜め、目だけを出してじっと獲物が通るのを待ち伏せる。ただひたすら、ときには何日も辛抱強く待ち続ける。そして待ちに待った獲物が通りかかると電光石火で丸呑みにするのだ。その間わずか0.2秒。ちなみに次元大介の早撃ちは0.3秒。**次元より早いのだ**。この瞬間だけ、カスはカスなりに男の技というものを魅せてくれる。

しかし、こんな早業を持ったカスザメだが、その鮫肌でわさびが風味豊かにおろせるため、かっこうのおろし金としてご家庭の奥様に重宝されてしまうあたりが、やはり小物感の否めぬところである。

[カスザメ]

体長1.5メートル。世界の温水域、日本では北海道以南の日本海近郊の海底に棲息する。海底の魚、貝類なども食べる。そのウロコは皮歯（ひし）と呼ばれ、ざらざらの「さめはだ」を作っている。その皮膚は刀剣の柄などにも使われることがある。

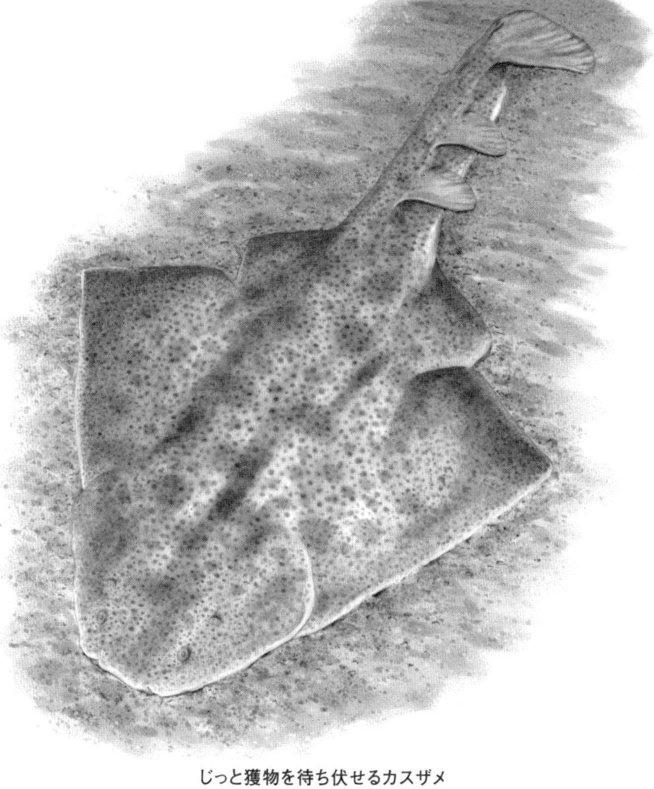

じっと獲物を待ち伏せるカスザメ

巧みに砂地に同化し、辛抱強く獲物が通るのを待つ。
攻撃時は大口を開けて瞬時に獲物を丸呑みにする（次ページ参照）

奥様に大好評

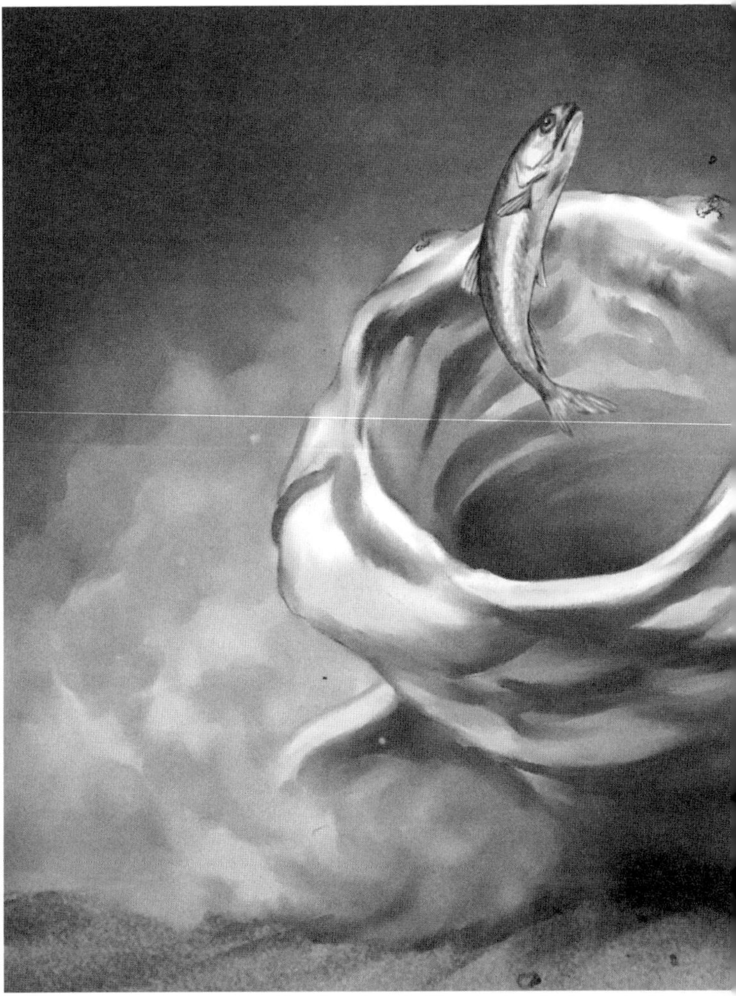

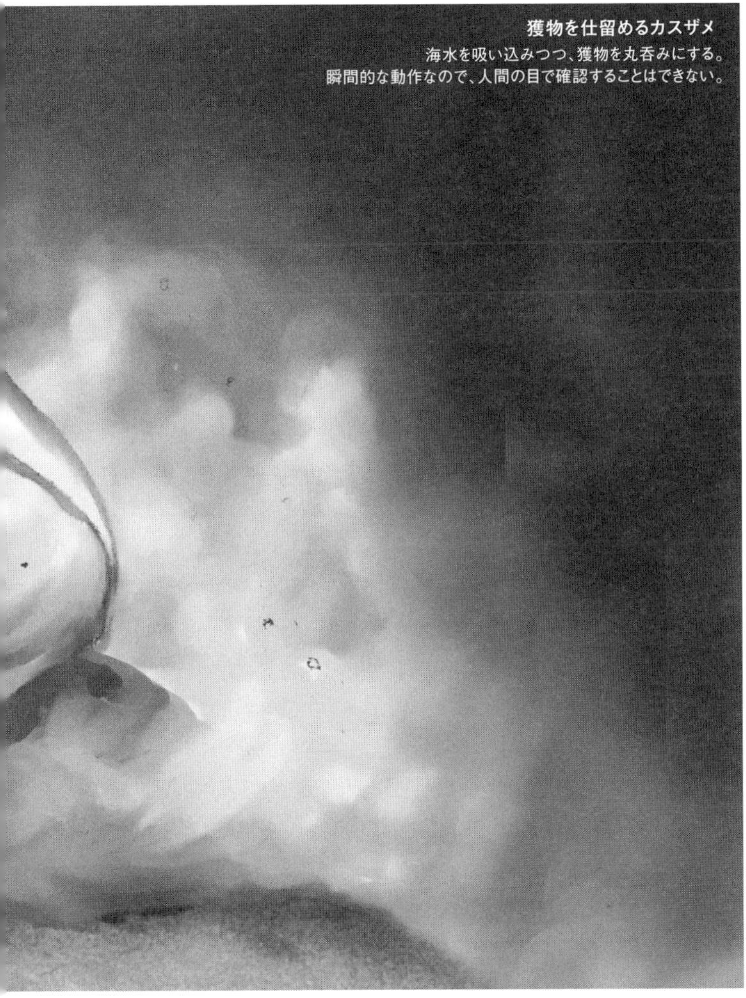
獲物を仕留めるカスザメ
海水を吸い込みつつ、獲物を丸呑みにする。
瞬間的な動作なので、人間の目で確認することはできない。

ウミウシ人気の陰で

ムカデメリベ

ダイビング人口200万ともいわれる日本で、ここ数年ウミウシが人気だ。ダイバーのツアーでも「ウミウシウオッチング」はすっかり定着した感もある。カラフルで不思議な形態をもつウミウシ類は女性ダイバーにも「かわいーい!」と大人気だ。今まで図鑑の片隅で肩身の狭い思いをしていたウミウシ類もこんな脚光を浴びるとは夢にも思わなかったろう。カラフルでかわいらしいウミウシ類は、「フルーツポンチ」だの「ピカチュウ」だのといった名前が勝手につけられてしまい、専門の研究者を歯がみさせるほどポピュラーな存在になってしまった。

しかし同じウミウシ類でもこのムカデメリベはいかがであろう。

便所すっぽんに春巻きをくっつけたような形態。その上色彩もなくゼリー状で半透明。「未使用コンドーム」ともいわれる。しかもその頭巾のような口をガバッと開いてプランクトンや小エビ類をまるごと飲み込むという、これまた不気味なエサの取り方をする。意味もなくぐねぐねと泳いだりもする。どう見ても女子に人気は出そうにない。

しかし、海の底でこの奇妙な生物がうごめくさまに心奪われ、魅入られたようになってしまうダイバーもいるという。さぞ日々の生活に倦《う》み疲れた人なのだろう。酸素不足になってムカデメリベの横にぷかりと浮かぶことにならぬよう注意してほしい。

[ムカデメリベ]

体長10センチ。ウミウシの仲間。太平洋全域、日本では青森以南の、水深15メートルまでの岩礁域に生息する。小エビや小型の甲殻類をエサにする。背びれは脱落しても再生する。独特の悪臭がある。3〜8月にかけて産卵、リボンのような卵塊を作る。

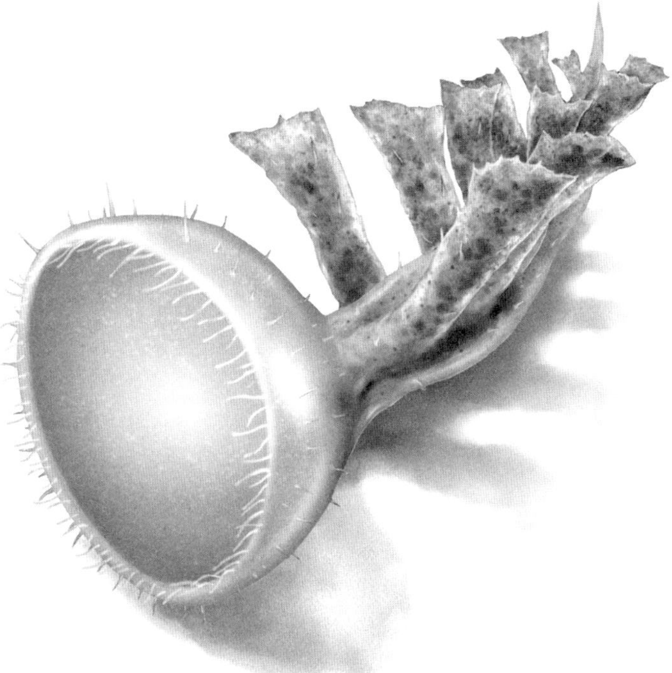

マニア受けしそうな外観

たまにヤドカリなども食ってみるそうだが、固さに負けて諦めてしまうという。
盲目だが匂いや味はわかるらしい。

サイボーグ戦士誰がために戦う

シロアリ化学戦闘員

白アリの巣は他のアリ族に襲撃を受けることが多く、またアリ捕食動物の脅威にもさらされている。アリクイなどの襲来は、ゴジラ上陸のようなもので、うかうかすると国ごとぶっ潰されてしまう。

これらの敵と戦うため、白アリは軍隊を有する。隊員アリの武器は強力な顎《あご》と特攻精神だが、白アリの中には、悪臭を伴う粘液を頭部から噴射する「粘液銃」を使う化学特殊部隊をもつ種類もいる。この液体を噴射されると敵はその場にぺったんこと貼り付いて動けなくなってしまうという、大昔のコントのような兵器だが、なかなかどうして効果的だ。粘液銃の射程は90ミリにも達する。

この化学兵アリは、特殊武器による戦闘ということ以外に存在理由はない。そのため**頭も噴射器そのものと化してしまっている。**無論生殖能力もない。いわば化学戦に特化したサイボーグともいえる。

これらの化学戦闘隊は通常の兵隊アリと同様、使い捨てである。彼等にとっては2秒毎、1日48,000個の卵を産む女王アリの存在が全てで、いかに犠牲が出ようと彼女さえ守りきれば白アリ軍人の本懐は遂げられるのである。

ちなみにこの白アリ軍は、他の蟻塚《ありづか》に派遣されることはない。

[シロアリ]

白アリの種類は1200から1500もあるといわれている。女王を中心とした「真社会性」を持つ集団だが、食性も巣の構造も種によってさまざまである。白アリの中で噴射兵器を使うのはテングシロアリ亜科と呼ばれるグループで、日本ではタカサゴシロアリ1種のみが日本最南西端の八重山諸島に分布している。

化学的攻撃に特化した白アリ兵

敵のアリ類は普通の兵よりむしろこちらの化学兵を警戒する。
武器は優れているが、盲目なので「下手な鉄砲」式に撃たざるを得ないところがネックである。

怨念＆ピース

キメンガニ＆スマイルガニ

奢《おご》る平家は久しからず。壇ノ浦で滅ぼされた平家一門の怨念が乗り移り、その無念を伝えるため、恨みの形相を背負っていると言われるのが、かの有名なヘイケガニである。しかし亡霊だけあって、その形相は恐ろしくもあるが、どこかもの哀しさと諦念がうかがえるものだ。

しかしこのキメンガニには、そのような悲哀は全くない。とりあえず謝っておかないと殴られそうな憤怒の表情だ。しかもヘイケガニのような逸話もなく、誰が何に対して怒っているのかさっぱりわからないところが、**新耳袋海洋生物版**ともいうべき恐ろしさだ。

反対に脱力系の蟹もいる。2003年8月、三重県尾鷲《おわせ》市の海岸で小学3年生の野呂洋貴くん（8歳）が潮干狩りの最中、背中にスマイルのある蟹を発見、水族館に持っていった。そのスマイルはどこからどう見ても**マンガ**なので、当然誰かが**マジックで書いた**と思われたが、本物であることが脱皮して初めてわかった。

ヘイケガニやキメンガニが怒りの現れというなら、このノホホンとしたカニは何だ。天然のゆるキャラだろうか。自然界から人間へのピース・メッセージとかいうことだろうか。しかしただニッコリされてもな。

それにしても、怨念にしろピースにしろ、そのメッセージの伝達者がどうして「カニ」なのだろうか。甲殻類は親切なのか？

［ キメンガニ ］

甲長3センチ。九州、中国南部の内湾、インド洋、東アフリカ、オーストラリアなどにも分布。普段は砂底に潜って暮らしている。背中にヒトデや藻、貝類などを乗せてカモフラージュする。

［ ヒライソガニ ］

甲長3センチ。日本各地で最もよく見られる蟹の一つ。海岸の石の下に潜んでいる。甲羅の色、模様はさまざまなものがある。

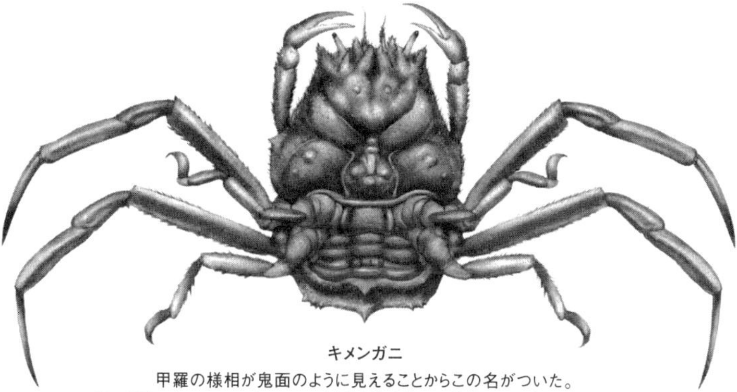

キメンガニ

甲羅の様相が鬼面のように見えることからこの名がついた。
砂に隠れ、カモフラージュにヒトデなどを背負うので普段はこの顔は見えない。

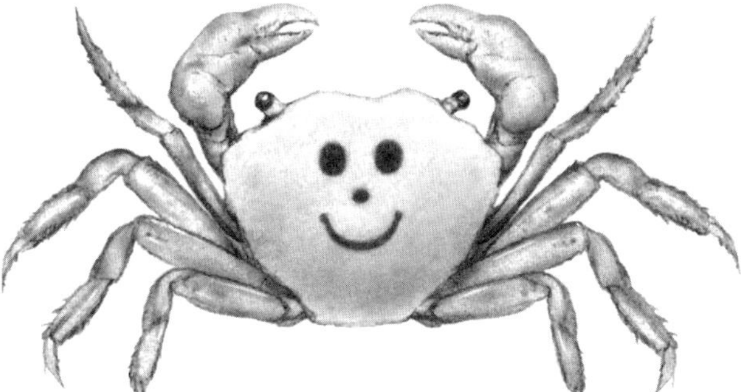

笑う蟹/ヒライソガニ

日本の海岸でもっともポピュラーな蟹。
それにしてもこの顔はできすぎである。

全裸の覗き魔ではない

ハダカデバネズミ

穴掘りという目的だけのために、目も捨て、耳も捨て、毛皮も捨て、ただひたすら歯と顎《あご》だけを強力に発達させてきた、**掘削《くっさく》バカ一代**ともいえる地中哺乳類。ベトコンゲリラもびっくりの、総延長3キロにも及ぶ一大トンネル網を築き集団で暮らしている。

この集団には白アリのような「真社会性」がある。女王だけが出産をし、他の働き手が養育、食料調達、土木建設、そして防衛などの任務を担ってバックアップする体制である。哺乳類でこの真社会性を持つのはハダカデバネズミだけである。

北海道大学の研究チームが、働き者のアリでも実は全体の2割はサボっているという研究結果をまとめた。いくら怠け者を排除しても、残る働き者のうち2割はやはりサボるのだそうだ。

ハダカデバネズミにもこの法則があてはまるらしく、こっそりサボる奴が出てくるが、見つかると**女王にドつかれる。**女王は白アリ女王のように大奥に君臨せず、自らせっせと御見回りあそばされるのだ。恐れ多くも女王陛下自らの御ドつきである。怠け者はいたく恐縮し、人が、いやネズミが変わったように働きはじめるという。

2割の法則は人間の官僚的組織にも当てはまるだろう。まっとうに働かず、いかにして怠けるかという、いらぬ知恵ばかり働かす輩《やから》が必ずいるからだ。だがその数は2割ではきかないかもしれない。

［ ハダカデバネズミ ］

体長9センチほど。体重は30〜80グラム。植物の根などを食べている。ケニア、エチオピア、ソマリアに生息。乾いた土地にトンネル網を築いて集団で棲む。1つのコロニーには100頭ほどがおり、生殖できるのはひとつがいだけである。

カースト制の社会

ハダカデバネズミの社会は一種のカースト制で、繁殖個体、
巣などをメンテナンスするワーカー、防御をするソルジャーに役割が分化している。

軟体の鬼畜

イシガキリュウグウウミウシ

仲間のウミウシを見つけるとゆっくりと擦り寄って行く。親睦を深めるためではない。食うためである。マンガとしか思えないような大口を開けて**自分と同サイズの仲間でさえも丸呑みにする。**当然子供でも容赦なく、食う。この生物にとっては同胞といえど食料か、敵でしかないのだ。隙を見て仲間を食い、油断すれば、食われる。ウミウシに聞いてみたことはないが、きっと飢えと猜疑と恐怖に満ちた人生であることだろう。畜生道ここに極まれり。同じ共食いでも、交尾後に食われるカマキリの方が自分の遺伝子を残せるだけまだ救いがあるかもしれない。

青藍《せいらん》に黄金色の目も綾《あや》な衣装、そして「リュウグウウミウシ」という優美な名前だけが、かつては華麗な竜宮の一族であったであろうこの生物の遠い過去を、わずかにうかがわせる。

艶やかな衣装に身を包んだこの海底の鬼畜は、絢爛《けんらん》たる竜宮から石もて追われ、文字通り荒波に揉まれるうちに、やがて仲間同士食いあうまでにその身を墜《おと》した竜宮の一員の、悲しき末裔《まつえい》なのかもしれない。

しかし一体いかなることがあって竜宮を放逐されたのか。それはもはや誰にもわからない。

[イシガキリュウグウウミウシ]

沖縄以南、太平洋西部地域に生息。体長は20センチを超えるものもいる。ブルーとイエローの鮮やかなツートンカラー。他のウミウシを常食している。この椀のような口で相手を「味見」することもあるらしい。1カ所に多くいることもあるが、それは群れているのではなく「エサが豊富な所にいる」ということだ。ウミウシ類は雌雄同体の種が多いが、イシガキリュウグウウミウシもその仲間に入る。

獲物を襲うイシガキリュウグウウミウシ

お椀のような巨大な口が開いて、相手を丸呑みにする。
ゲゲゲの鬼太郎に出てくる、妖怪やかんづるのようだ。
交尾のために仲間に近づくと食われたりもする。

寄生する針金

ハリガネムシ

カマキリの死骸が異様な動きをしている。こわごわ覗き込むと尻から黒いヒモがビックンビックンと這い出て来る。思わずのけぞる。ところがそれを放っておくとやがて針金そっくりに固まってしまう。固い。どこからどうみても針金だ。手品を見ているようである。不審に思い、水をかけてみると、今度はネズミ花火のごとく狂ったように踊り出す。ギャッと叫んで逃げる。

寄生虫などというものはろくでもない姿をしているのが常だが、その上こんな不気味な三段変化で引田天功のマジックばりに人を驚かすのが、このハリガネムシだ。

カマキリなどの昆虫に寄生するが、まれに人間に寄生することもあるらしい。**くしゃみをしたら鼻からハリガネムシが出てきた**という医師の報告もある。ごくまれな例らしいがあり得ることのようだ。しかし寄生された人間は意のままに操られるという話はさすがに都市伝説というものであろう。

だが、この虫に頭脳を乗っ取られたかのような狂った行動に走る人間は近年とみに増加している。

[ハリガネムシ]

線形虫類（せんけいちゅうるい）に属する。体長15センチから90センチに至るものもあるという。世界中の池や沼に生息する。水中の卵から水生昆虫に寄生し、それをエサとしたカマキリなどの昆虫の体腔に寄生する。成長すると夏から秋にかけて宿主の体から脱出して水中に戻る。ヘア・ワーム（Hair worm）とも呼ばれる。雌雄異体。

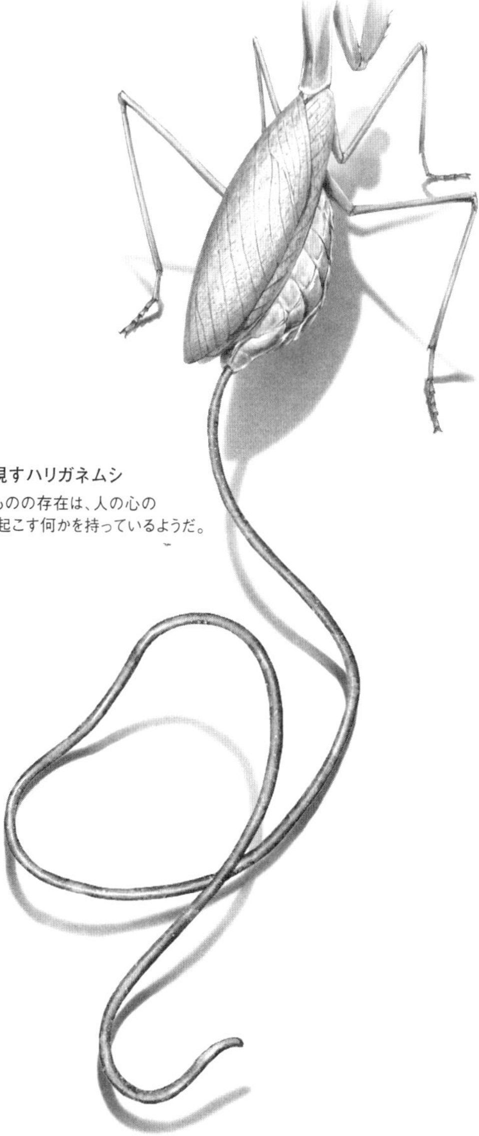

正体を現すハリガネムシ

寄生虫というものの存在は、人の心の
原初的な恐怖を呼び起こす何かを持っているようだ。

原初的な恐怖

我が国ではほぼ絶滅した

サカサクラゲ

このクラゲは体内に「共生藻《きょうせいそう》」と呼ばれる藻を飼育している。クラゲは共生藻が出す栄養素をもらう代わりに、藻には排泄物を養分として提供する。共利共生の関係である。そしてこの藻に光をあてて光合成させるため、**死ぬまで逆立ちして暮らす。**

ちなみに「サカサクラゲ」とはその形から温泉マーク、すなわち**連れ込み宿**の隠語でもある。昔はワケありの男女の密会となれば、連れ込み宿が本流であった。だがラブホテルに席巻《せっけん》されその数は激減、パンダやトキのように保護する者は無論なく、今ではほとんど**絶滅**してしまった。絶滅したものは二度と戻らない。痛ましいことである。

さびれた宿の前で逡巡《しゅんじゅん》する男女の図などというものは、まだ恋人たちに恥じらいなるものが存在していた時代の風情である。

[サカサクラゲ]

最大直径20センチほど。九州以南の熱帯・亜熱帯の海域に分布する。共生藻に光を与えるため、傘の部分を逆さまにして、海底の砂地にじっとしている。

共生藻に光合成させる

体内の藻は褐虫藻（かっちゅうそう）と呼ばれる。この藻に光合成させるため、
常に逆さまの状態で水底に沈んでいる。マングローブ林付近などにも多数生息する。

温泉マーク

連れ込み宿

アニマル忍者武芸帳

オポッサム

白土三平の「忍者武芸帳」には「病葉《わくらば》の法」という忍法が出てくる。完璧な死体に化けきって敵を油断させる忍法だが、オポッサムはこの病葉の法を使う。敵を察知すると死んだフリをするのだ。だが我々がクマに見つかったときにかますであろう子供だましの死んだフリなどとは格が違う。悪臭のある唾液で漂わせる死臭、うつろに開いた瞳、ぐったりした肢体、かすかな痙攣《けいれん》とともに徐々に息絶えていくそのさまは、まさに**迫真の死にっぷり**で、猟犬がくわえて振り回しても正体を見せないという**ド根性**をも見せてくれる。その気合いの入った死にざまに、動くものしか襲わない習性を持つ山猫やコヨーテなどはまんまと一杯食ってしまう。

一見か弱く見えるこの小動物は修行を重ねてこういう技を会得し、繁栄することに成功したのでござる。

［ オポッサム ］

北アメリカ唯一の有袋類（ゆうたいるい）で、腹の袋で子育てをする。体長は30〜55センチほど。昆虫や果実、卵などが主食。オポッサムには種類が多いが、ここでとりあげているのはキタオポッサム。あまりに見事な死んだフリは条件反射による一種の仮死状態と考えられていたが、その後の実験で、「死んでいる」間にも脳波が活動していることが確かめられている。

死んだフリをし続けるオポッサム

死んだフリに加え、枝から尻尾でぶら下がって身を守るという、
これまたニンジャ的な技も持つ。

ヒモの噂の真相

コウガイビル

雨上がりの夜道にヒモが落ちている。気にも留めずに行きすぎようとするが、ふと見るとそのヒモはうねうねと動いている。目が釘付けになる。そしてそれが生きものだとわかると仰天し、翌日「ヒモみたいな生きものを見た!」と訴えるが誰も信じない。コウガイビルは実在するにもかかわらず、まるで都市伝説のように語られてしまう生物だ。

コウガイビルの体長は2メートルにも達する。思索に耽るように頭を振りながら動いており、その姿は何か深い知性のようなものを感じさせるが、当然知性などはひとかけらもない。

食物はミミズやナメクジである。じたばたと暴れるミミズに、別れないワとすがる女のように絡みつき、こんがらがったヒモのようになって相手を拘束すると、**腹部にある口から咽頭部を露出させ、消化液で相手を溶かしてすすりあげてしまう。**ちなみに口は肛門も兼用している。

コウガイビルは粘液状の糸を出して、**電気のヒモ**のように空中にぶら下がる技も持ち、うっかり引っ張ったりすると後悔する。

アイルランドではコウガイビルの増殖でミミズが減少、農業生産にまで影響が及んでいるという。弱いようでいて、実は人間のヒモと同じくしたたかに生きているのだ。

[コウガイビル]

体長最大2メートルにもなる、扁形(へんけい)動物の一種。灌木(かんぼく)や石の下など、湿ったところに棲み、単純な感覚器官をもつ。食物はミミズやカタツムリなど。笄(コウガイ)という女の髷(まげ)に刺す飾りに似ていることからこの名がついた。コウガイビルにもいくつか種類があるが、山吹色のオオミスジコウガイビルが一番よく見かけられるようである。ミミズなどと同じく雌雄同体。乾燥に弱い。

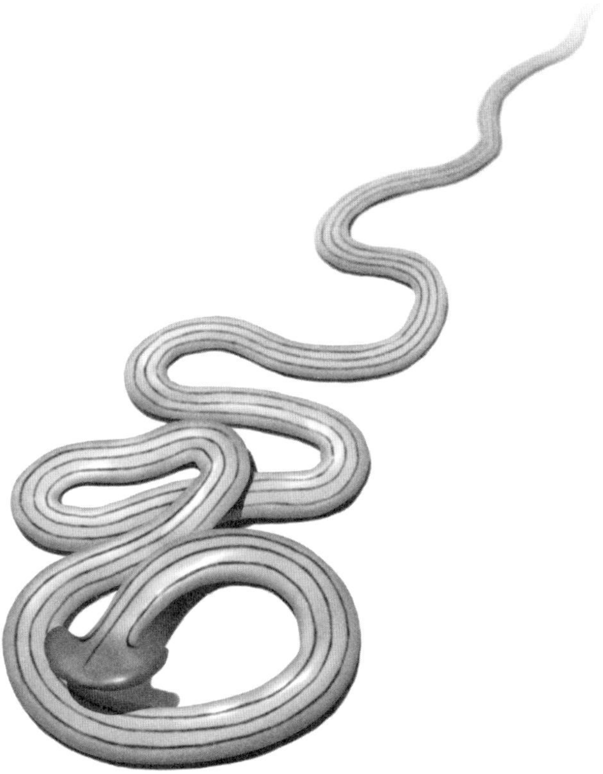

夜道にうごめく謎のヒモ

プラナリアと同じく再生力が高く、頭部と尾部を切断してつなげると接合して輪っかになってしまう。無論そんなことをしてはいけません。

タコは上がり、イカは飛ぶ

トビイカ

鳥や昆虫以外にもモモンガ、クモ、ヘビ、カエルなど、飛ぶ動物というのは意外に多い。だからイカが飛んだって不思議ではなかろう、などと言うのは理屈に過ぎない。イカが飛べば驚くに決まっている。

トビイカは体内のタンクに海水を溜め、それをジェット噴射して水中から離陸すると、水かきのような膜に風をはらんで滑空する。気流にのれば、数十メートルも飛行するという。頭足類のくせに洒落た真似をするものだ。まぶしい太陽の下、青い海を滑るように飛ぶトビイカはとってもさわやか。夏のヒット曲も聞こえてきそうだ。

♪熱いSeason マリンブルー 大空を舞うのさイカ in My Dream
♪Super Bodyのあの娘の頭上を ジェット飛行さ イカ I'm still in Love

こんな風に書くとイカにも脳天気に、西海岸の青い海を飛んでいるようだが、イカも酔狂で飛んでいるわけではない。やむにやまれぬ事情、**飛びでもしなければマグロに食われてしまう**というせっぱ詰まった理由があるのだ。

それにしても水中の、しかも軟体動物が飛行するのである。水中からイキナリ空中である。よほど気合いを入れた進化をしたのだろう。イカは多くは語らぬが、数多くの苦労もあったに違いない。

しかし歯がみする魚類を尻目に、颯爽《さっそう》と空中へ離陸した途端、**アホウドリにさらわれたり**するので、やっぱり自然は甘くはない。

［トビイカ］

体長35センチ。インド洋、太平洋全域に分布。他のイカと同じく、魚や甲殻類をエサとする。飛ぶイカとして知られている。飛距離は50メートルほど。腕の間に膜を張りこれが主翼となり、ヒレは先尾翼となる。沖縄ではトビイカ漁が行われる。

風に乗り滑空するトビイカ

船に驚いて飛び立つこともあるという。
水中から空中へダイレクトに離陸するさまは軟体のスカイダイバーといってよいであろう。

男の存在意義なるものについて

ボネリムシ

海生の無脊椎動物で、小芋ほどの本体に長い口吻《こうふん》がくっついている。この口吻はエサ探しのため2メートルにも伸びる。だがこれはメスだけの話だ。オスの体は顕微鏡サイズであり、体積でいうとメスの**20万分の1**である。雄雌の比率がここまで馬鹿げて極端な例は他にない。

ボネリムシの幼生は、雄雌未分化の状態にある。だが、その時期に成体のメスに見つかると幼生は**メスに吸い込まれてしまい、**そしてメスの体内でオスに成長するのだ。そしてオスはそれ以後メスの子宮の小部屋で生涯過ごすことになる。

オスは巨大なメスに生存の全てを委ねる。食物もメスに与えてもらうが、体表を通して直接栄養をもらうため、消化器官さえもたない。

しかし口はある。食うためではなく、**精子を放出するためだ。**オスは、メスの体内で卵を受精させるための、生殖器官に成り下がってしまっているのだ。

21世紀の今日でも、夫唱婦随《ふしょうふずい》などという思想を本気にしている男子は多くいるが、かの「家畜人ヤプー」でさえ色あせるこの徹底的な女尊男卑の生物についてどう思うだろうか。激怒するか、…と思いきや案外どうも思わないかもしれない。こういった男子に唯々諾々《いいだくだく》と付き従う女子もまたたくさんいるからだ。もっとも、男子が金を握っていることが前提だが。

[ボネリムシ]

メスの本体部分は10センチほど、口吻部分を合わせると2メートルにもなる。口吻は長く伸び、海底に積もった有機物（デトリタス）をエサにし、切断されても数週間で再生する。雌雄未分化の幼生はメスの体内でオスに緩やかに変身する。

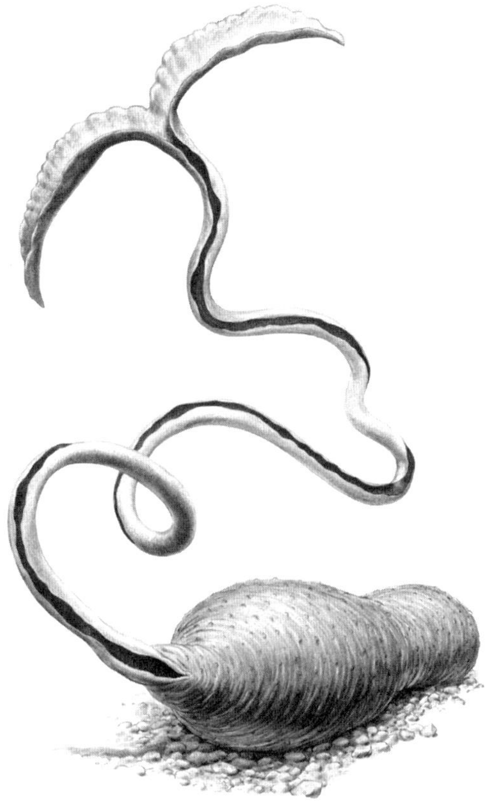

成体となるのはメスだけ

幼生の頃、成体のメスに見つからなかったものはそのまま成長してメスになる。
幼生にとって、成体に見つかるか見つからないかどちらが幸福なのかは、わからない。

おでんにするとお得

多脚タコ

日本で消費されるタコの7割はモロッコからの輸入であったが、輸入拡大で乱獲が起き、漁獲高は激減。モロッコ政府は資源保護の見地から禁漁を決定した。タコヤキ屋は大打撃だという。

それほどまでに日本人はよくタコを食うが、こんなに獲り放題に獲っていると中には変なものも混じることがある。

昭和32年、三重県答志島で**足が85本あるタコ**が捕れ、あまりに珍しいので酢ダコにはされず標本にされた。奇形か？ 突然変異か？ 学術的には全く謎で、現在も研究されているらしい。しかし謎ということであれば、人間界にも異様な髪型や、埋め込んだ真珠を得意がるようなのがいるから、タコ界にも独自のこだわりを持つのがいて、せっせと足増やしに励みでもしたのだろう。そしてメスダコに「キャースゴーイ」とか何とか言われて悦に入っていたに違いない。別に真剣に研究などしてくれなくてもけっこうだ。

だがそれにしても85本とは骨のある奴だ(注1)。その点についてだけは脱帽しようタコよ。

だがその後、**96本足**というさらなる強者《つわもの》が見つかったそうだ。上には上のタコがいる。85本タコもビンの中でさぞ歯がみ(注2)している事であろう。

注1　タコなので骨はない。　注2　タコなので歯もない。

［多脚タコ／マダコ］

体長60センチ。日本近海でもっとも多く見られるタコ。エビやカニが好物。タコを食用にするのは、日本とほんの一部の国だけである。96本タコは三重県志摩マリンランドに保管されているという。

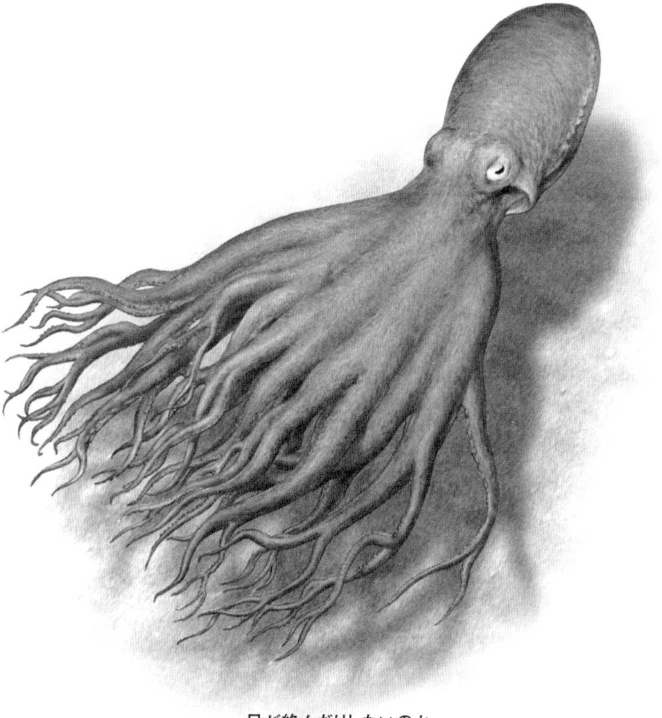

足が絡んだりしないのか

三重県鳥羽水族館には85本足のタコの標本があるそうなので見に行ってみよう。
だが見たからといって別に御利益はない。

世界のどん底で愛想を振りまく

センジュナマコ

深海8000メートルという、世界のどん底で生きるナマコ。外観はキテレツだが、一日中泥を舐めて生きる、地味な暮らしぶりだ。

「カワイイ」と評する人は意外に多い。あるメーカーが深海生物フィギュア付き飲料を売り出したときも、このセンジュナマコは大好評であった。こんなに人気ならキャラクターとして有望なのではないか？ サンリオはどうだろう？ 英名もSEA PIGとカワイイし、外国でもイケるのでは？ そこで予備調査としてアメリカ人100人…といいたいが実際は38人にアンケートを実施してみた。ハーイ。あなたはこの生きものをカワイイと思いますか？

「全然かわいくない。酵素とかバクテリアみたいだ」**「ゴム手袋を膨らましたんでしょ？」**「脂ぎったポケモン」「4インチまでなら許せる」

…といった具合に回答はかわいくない派が多数であった。いくらピカチュウが当たったとはいってもこれではやはりだめだろう。

「かわいさ」とか「笑い」のカルチャーギャップは大きい。アンケート調査は当地のある女性に依頼したのだが、彼女に対し我々大和民族には真似のできないベタなアメリカン・エロジョークで回答した男性もいて、文化とは何かを考えさせられる。その回答とはこうだ。

「この金玉から生えてる触手は君の食欲をそそってたりするのかい？」

思わず真珠湾もう一発、などと考えてしまうがここは忍耐だ。

［ センジュナマコ ］

体長10センチ。水深3000〜8000メートルの深海に棲む。海底をゆっくりと這い、泥の上に積もった有機物（デトリタス）を舐めている。7〜8対の管足（かんそく）を持ち、ゼラチン状で、色素は失われている。その体は海水の比重に近いため、水圧に押しつぶされることはない。大集団でいることもある。

宇宙生物のような外観

体から突き出ている突起は、転倒したとき、軟泥に沈まないための工夫であると考えられている。足がたくさんあるところから「千手観音」の名をとってこの名がついたというが、少々不敬な気もする。

虐待されてもマヌケ顔

プラナリア

理科の実験でおなじみのプラナリア。その強力な再生能力が仇《あだ》となり、再生研究のモデル生物などというものに使われてしまうため、罪もないのにブツ切りだの千切りだの唐竹割りだのと、**ありとあらゆる方法で切り刻まれてしまう。**

理科の本でも「見つけたら切ってみよう」などと奨励しているため、いたいけな子供も平気で真っ二つにする。また、熱帯魚愛好者は害虫として憎悪しており、薬品や生物兵器（エビなど）による虐殺を行う。プラナリアが好きで好きでたまらないというマニアも、再生の様子を見たくてたまらず、やっぱり切ってしまう。

かように好き派であろうが嫌い派であろうが、結局人々はこの生物に731部隊よりひどい虐待を加えることになるのだが、ことプラナリアに関しては動物保護団体も知らんぷりである。だがしかし、どう切り刻まれようともこの生物はマヌケ顔のまま**平気で再生**してしまうのだ。ある研究者は頭に来てみじん切りにし、120もの破片にしてしまったが、それはやはり120匹のプラナリアに再生してしまった。

この強靱《きょうじん》な再生能力に、ある学者は「刃物の下では不死身」とまで言った。もし何かの間違いで武蔵とプラナリアが渡り合ったとしても、武蔵に武士の本懐は遂げられないのだ。

だが刃物には強いプラナリアも水質汚染にはめっぽう弱く、ちょっとした変化で、あえなく**溶けてしまう**のであった。

［ プラナリア ］

体長20～25ミリ。日本列島全域の水のきれいな河川に生息（北海道を除く）。肉食で水中の小虫などを捕食する。頭部に口があるわけではなく、腹から咽頭（いんとう）を出してエサを取り込む。「新生細胞」を持つため再生力が強い。水質に敏感なため水質を示す指標生物ともされる。眼は簡単な視神経からなるもので、光の強弱、方向だけを識別する。大部分の種が雌雄同体。

強靱すぎる再生能力

頭部を10等分されると、このようなマヌケなヤマタノオロチのような形で再生する。
下等生物だが学習能力があり、学習した個体が増殖してもその記憶が同様に再生されるという。

勝負は見えている

街道一ならぬ海底一の大親分

イザリウオ

その泰然たるさまに、肝の据わったおかたと海底の衆からは一目置かれている。その小さい目玉で天下を睥睨《へいげい》し、滅多なことには動じない。エサのため保身のため息せき切って泳ぎ回るなどという馬鹿な真似はしないから当然ヒレなどという俗なものも持たず、足でしっかり大地を踏みしめ、堂々と歩く。軽佻浮薄《けいちょうふはく》なダイバーごときが近づいても全く無視。下々の者など眼中にないのだ。

だが親分、日がな仏頂面に野暮をさらしているわけでもなく、たまには着物をカラフルに変えたりする茶目っ気もあり、そのUFOキャッチャーのぬいぐるみのごとき姿に、案外女子供にも人気が高い。エサ探しにあくせくすることもなく、額の疑似餌《ぎじえ》をちらちらと振れば、ご馳走は向こうから飛び込んでくる。親分はそれをただ丸呑みにすればいいのだ。貫禄とはこういうものである。

日ごろ大岩のごとき親分だが、喧嘩のときは電光石火だ。相手がいくら大きい魚でも稲妻のごとく呑み込んでしまう。自分の丈よりずっと大きい魚を恐れもせず、一気に呑み込んだはいいが、ちっとばかり**相手が大きすぎて窒息死**しちまいなすった。だがこれが男気というものだ。

[イザリウオ]

体長5〜40センチ。イザリウオ科は12属42種に分類され、太平洋、インド洋など世界の暖海に幅広く分布している。額の「エスカ」と呼ばれる背びれの一部が変型した触角を巧みに動かし、エサの魚を誘うのが特徴。体色を周囲の色に変えて擬態する。外国ではフロッグフィッシュと呼ばれ、スペインでは串焼きにして食うという。

獲物をおびき寄せる

胸びれを足のようにして歩く様子から"いざり"ウオと名付けられたが、近年は「不適切な名称」として「漁(いさ)りウオ」」に改名すべきとの議論がある。だが臭いものにフタ的だとの批判も。

ぼくとつな名前の超生命体

クマムシ

不死身の生物がいるかと聞かれたら、火の鳥とこのクマムシと言って差し支えないだろう。

クマムシは乾眠《かんみん》という体内から水分を放出した一種の仮死状態になり、摂氏**150度の高熱にも絶対零度**（−273度）**にも、真空にも、乾燥にも、6000気圧もの高圧**や人間の致死量をはるかに超える**放射線**にさえも耐えることができる。またアルコールなどの有機溶媒にも耐性があり、さらには代謝率を0.01％以下という異常な値にまで抑制し、100年は生き続ける。

しかし、絶対零度だの放射線だの、このケタはずれなまでの耐久性は何なのだろうか。宇宙空間にでも進出するつもりだろうか。それとも核戦争を生き抜き、人類の後釜《あとがま》に座る魂胆なのだろうか。

想像してみよう。クマムシが支配し、クマムシ文明が栄える世の中を。クマムシ高度成長期を経て、クマムシ角栄がクマムシ列島改造論をぶち上げ、クマムシ40年体制の下、クマムシ経済は繁栄する。クマムシモー娘。は歌い踊り、クマムシワールドカップが開かれ、クマムシディズニーランドやらクマムシソープランドができる。そして、クマムシ社会に紛争は起きない。地震が起ころうと戦争が起ころうとみんな生き残ってしまうので、必然的に絶対平和社会になってしまうのだ。平和憲法すら不要である。

そして、その平和社会は極小のものとなるだろう。クマムシの体長は50ミクロンから1.7ミリ。微生物なのだ。

［ クマムシ ］

体長50ミクロン〜1.7ミリほど。有機物や植物細胞の細胞液を吸って生きる。地球上のあらゆる地域に生息し、、主には水辺、苔の中、地中に多く棲む。水分を体から追い出し、タン状態と呼ばれる一種の仮死状態になり、さまざまな負荷に耐える事ができる。脱皮を繰り返して成長し、雌は抜け殻に卵を産み付け、雄がそれを受精させるが、体内受精をする種も、雌雄同体の種もいる。

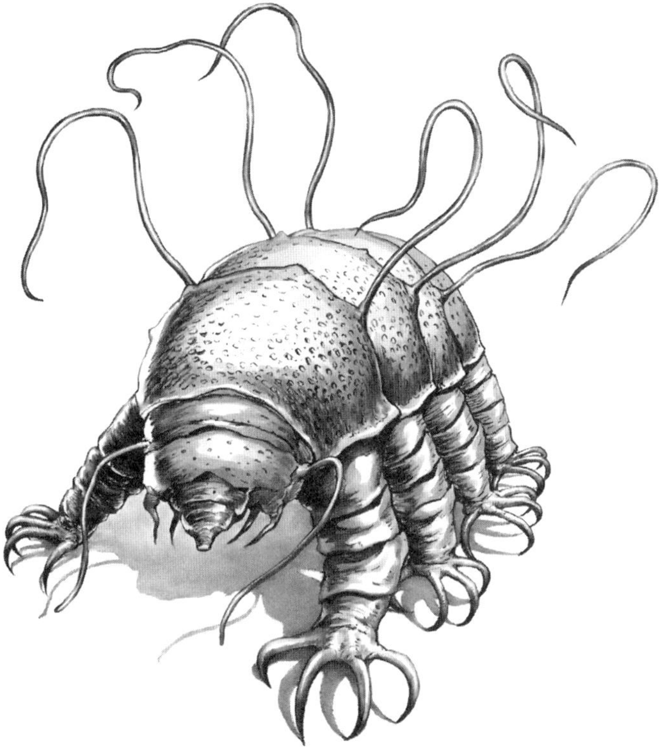

嘘のようだが本当なクマムシ(Water Bear)のデザイン

装甲されたようなその姿は怪獣そのものである。世界中にファンが多い。
高山から深海、ご自宅の裏庭まであらゆる所にいる。日本の温泉からも発見された事がある。
レンジで3分チンする実験にも平気であった。

軍用魚貝類？

装甲巻き貝

2003年、インド洋の「かいれいフィールド」と呼ばれる地点で、全身が鉄板で装甲された新種の巻き貝が見つかった。巻き貝は身がウロコ状の板で覆われており、DNA鑑定によると比較的最近この形態に進化したらしい。

「かいれいフィールド」は深海2500メートルの強大な気圧と極寒の温度で、しかも海底からは、マグマ熱で350℃に熱せられ、有毒の硫化水素をも含んだ熱水の黒煙「ブラックスモーカー」が火山のように噴き出ているという地獄のような場所だ。

だが驚くなかれここにはオハラエビだのユノハナガニといった、いい湯だな的ネーミングの生物が驚くほどの数で密生している。

実はここには硫化水素を酸化してエネルギーを得るバクテリアが多く生息し、彼等はこのバクテリアを食料としているのである。温度も高いし食料は豊富、一見地獄のようなこの場所は、これらの生物にとってはビバノンノンなオアシスでもあるのだ。

しかし、こういう環境下でこの巻き貝は己が身を装甲しているのである。何故だ? なぜこんな極楽温泉のような場所で装甲を?

バクテリアを食うおとなしい生物の他に、人類にまだ知られていない、**装甲でもないと対抗できない、恐怖の外敵**が黒煙の中に潜んでいるとでもいうのだろうか…?

掛け値なしのオアシスなどはやはり存在しないのかもしれない。

［ 装甲巻き貝 ］

体長5センチ。硫化鉄の鎧で覆われた多細胞生物の発見は初めてである。2003年にアメリカとスウェーデンの科学者が「サイエンス」誌上で発表した。普通、貝の殻は乾燥防止や体表保護のためにあるが、この鎧は防御の目的であると分析されている。

我が輩は貝である。名前はまだない

新種なのでまだ名前もついていない。
貝の身の部分まで鎧で覆われているところが不可解だが、
これから徐々に解明されていくと思われる。

身悶えは何を訴える

ヤマトメリベ

このあまりに特異な形態は、やばいクスリをキメたときの幻覚のようにも思えるが、ちゃんと実在するウミウシの希少種である。

頭部はプランクトンや小エビを捕獲する捕虫網と化しているが、体に比べありえない大きさだ。そしてウミウシなら身分相応に海底にへばりついていればよいものを、何故か海中でぐにゃらぐにゃらと**身悶え**しつつ、意味不明の**暗黒舞踏**を踊っている。

プランクトン類がその馬鹿でかい口に入ると、口のへりをチャックのようにとじ合わせ、**かしわもち**のような形となってエサを漉《こ》し取る。また、ほふくして捕虫網を覆い被せ、ザルを伏せたようなぺったんこな形になって小エビなどを漁るかと思うと、捕虫網を片側から巻き込んで、口中のエサをだましだまし追い込んでいったりもする。捕食に関しては数々のワザを持っているがいずれのやり方もどうにも隠微である。そして食ったものは背中の肛門から排泄する。

手でつかむと強いグレープフルーツの匂いがするというが、何故だかさっぱりわからない。この生きものは見つかるのも極めてまれで、飼育記録も最長94日と短い。飼育していると理由もわからず頓死してしまうのだ。当然、匂いの謎も解明されていない。

［ ヤマトメリベ ］

体長50センチ。ウミウシの仲間だが捕獲例も世界で30数個体と、極めてまれである。非常に脆い体で、海中で身をくねらせ浮遊している。頭巾状の頭部でプランクトンや小型甲殻類を捕獲してエサにする。産卵すると150粒ほどの卵殻（らんかく）が数珠（じゅず）繋ぎになった卵塊ができる。

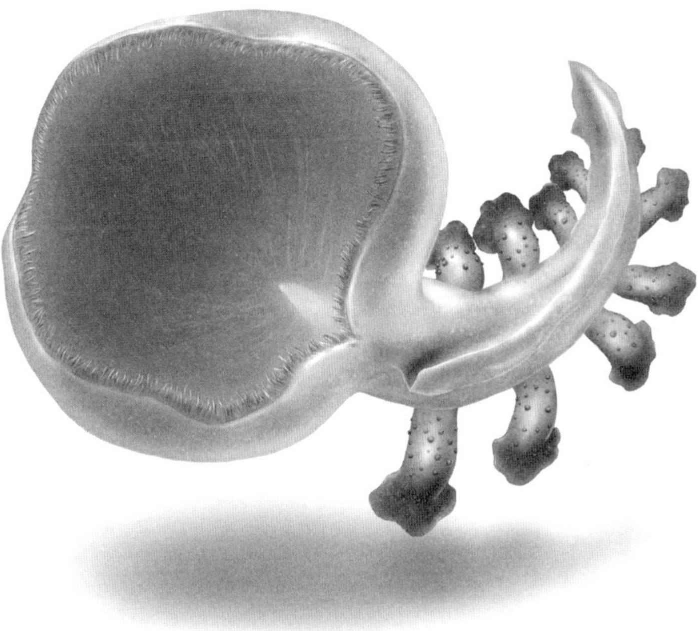

意味不明に踊りまくる

左が頭部である。どでかい捕虫網を広げてプランクトンを捕るが、
弱ると水圧に負けてしまい、捕虫網を閉じる途中で裏返ってしまう。

裸でも象でもクラゲでもない

ハダカゾウクラゲ

「ハダカ」で「ゾウ」で「クラゲ」、しかしてその実体は「巻き貝」であるという。まったく訳がわからない。

巻き貝といっても、貝殻は退化してしまっている。獲物を追うときや敵から逃れるときは仕方なしに泳ぐが、普段は透明なゼラチン質の体で敵を欺《あざむ》きつつ、ひねもすのたりと海中を浮遊している。

だが、透明といっても完全ではない。かのH・G・ウエルズの「透明人間」では、科学者が透明薬を飲んだはいいが、眼球や神経繊維だけが消えずに大弱りというくだりがある。ハダカゾウクラゲも透明といえど、消化管、内臓、神経などは透け透け、食いものが消化される様子も外から丸見えだ。そのあからさまに見える内臓を魚にパクリとやられたりするので、透明化も本末転倒ともいえる。

一応、敵に対して内臓を小さく見せる角度を工夫するなど、**それなりの努力**はしているらしいが、クラゲ類をエサにしているウミガメやマグロにとっては効果はほとんどない。

しかし近年、そのウミガメが死ぬことが非常に多くなってきている。ハダカゾウクラゲの祟りではない。エサと間違えてコンビニ袋を飲み込み、内臓をつまらせて悶死《もんし》するのだ。ハダカゾウクラゲだけが、海岸のバーベキュー大会を歓迎する唯一の生物だろう。

［ ハダカゾウクラゲ ］

体長30センチ。熱帯から亜熱帯にかけて、また太平洋の黒潮流域に分布する。サルパやウミタルなどをエサにする浮遊性の巻き貝の一種。幼生のころは殻があるが成長すると退化する。刺激を受けると長い口吻（こうふん）を腹に折り畳んでしまう。

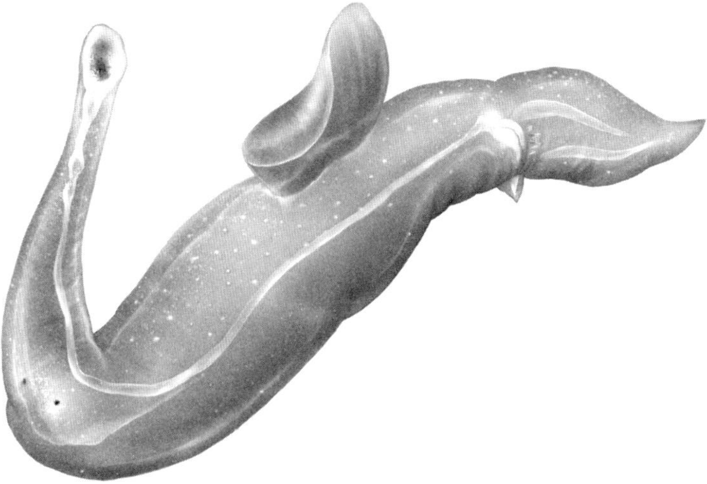

解説すると、左が頭部、右が尾部、左の長く伸びている部分が口吻（こうふん）、
中央上部のものは腹びれ。仰向けになって泳いでいるのだ。

血の風船《ブラッド・バルーン》

ヒメダニ

この血を吸うダニは、砂中に潜り、獲物を待つ。じっと待つ。何ヶ月も、時には1年以上も、ただ忍の一文字をもってしてひたすら待つ。

待ちに待った動物の接近をその振動で感知すると、ヒメダニはゾンビのごとく地中から這いだす。そして熱と二酸化炭素で獲物の位置を特定し、気づかれないように近づく。

かぎ爪で足からよじ登ると、はやる心を抑えつつ皮膚の柔らかい部分に鋭い口先を突き刺す。同時にそこから一種の麻酔が注入されるので獲物は気が付かず平和に草など食《は》んでいる。

そしてようやく、心おきなく温かく栄養満点の血を吸えるわけだが、何しろ気が遠くなるほど辛抱に辛抱を重ねてきたのだ。親の仇《かたき》とばかりに吸って吸って吸いまくる。そして体は際限もなく膨れあがり、しまいには「血の風船」と化してしまい、転げ落ちてしまう。

そしてこの血の欲望を満たすと、再び地中に潜り、暗闇の中、真っ赤な血に思いを馳せながら次の獲物を待ち伏せるのだ。

ヒメダニは血を吸うだけでなくダニ回帰熱を媒介する。感染すると嘔吐《おうと》、頭痛、吐き気に襲われ、何度となく高熱に見舞われる。また**肛門に寄生して痔に間違われる**こともあるという。まさに「ダニ野郎」の名に恥じない生態であるが、ダニは非常に環境に影響されやすいため、環境汚染の指標生物になるともいわれる。

[ヒメダニ]

アフリカ、アメリカ大陸の自然環境下に生息する軟ダニ。ダニは昆虫ではなく、クモ綱ダニ目に属し、マダニ類（Hard Tick）とヒメダニ類（Soft Tick）に分けられる。ここではヒメダニはOrnithodoros属の総称として扱っている。マダニにある背甲板がなく、振動で獲物の接近を感知する。

before

通常状態のヒメダニ

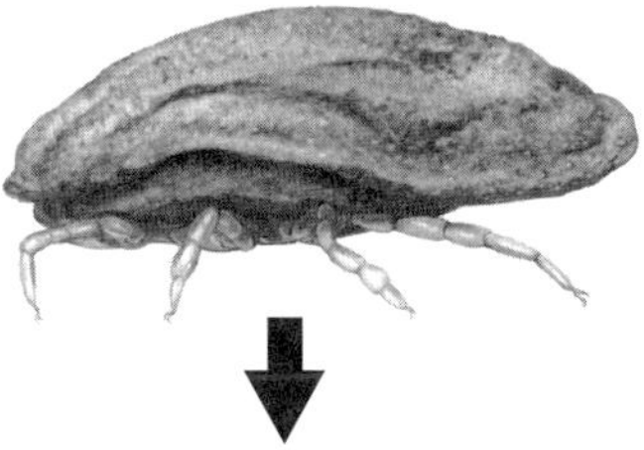

after

満腹状態のヒメダニ

バルンガではない。血を腹一杯吸うとこのような愉快な姿に膨れあがってしまうのだ。

静止した時の中で

ナガヅエエソ

ナガヅエエソは別名三脚魚と呼ばれている。異様なまでに伸びた腹びれと尾びれで、三脚のように海底にじっと立つのである。

ナガヅエエソの生息するのは深度600メートルから1000メートルの深海。暗闇の死の世界といってもよい。こういった環境で生きるため、ナガヅエエソはなるべく動かず、エネルギーを温存する戦略をとった。だが、動かないだけではエサもとれない。そこでナガヅエエソの胸びれは触覚センサーへと進化し、それを放射状に開いて、流れてくるエサを感知できるような機能を持つに至った。つまり自分自身が、有機的パラボラアンテナと化したのである。

そしてそのアンテナは深海の底に静かに立ち、エサが流れてくるのを待つ。とにかく待つ。ひたすら待つ。獲物を追うという路線を捨て去ったこの生物には、とにかく待つしか術がないのだ。

死の世界に生きんがため、異様な姿形と成り果てたこの魚は、光もなく、音もなく、ただマリンスノーだけがしんしんと降りしきる漆黒の闇の中、寂寞《せきばく》たる荒野を前に言葉もなく立ち尽くすかのごとく、停止した無限の時間を、孤独に生きてゆくのである。

……と、この本にしては珍しく詩的に締められるかと思いきや、実はこの魚、魚のくせにほとんど泳げず、ちょっと流れが強いとコテンと**横倒し**になってしまうというから、最後はやっぱりマヌケなのであった。

［ ナガヅエエソ ］

体長26センチ。温帯、太平洋西部の熱帯、水深600〜1000メートルの深海に棲む。仔魚期は表層で暮らすが成長すると深海に降りてくる。神経の通った胸びれはセンサーの役目を果たし、これを広げ頭を海流に向けてエサが流れてくるのを待つ。エサは小型の甲殻類など。雌雄同体であるが、これはパートナーを滅多に見つけられない深海での種保存のための適応と考えられている。

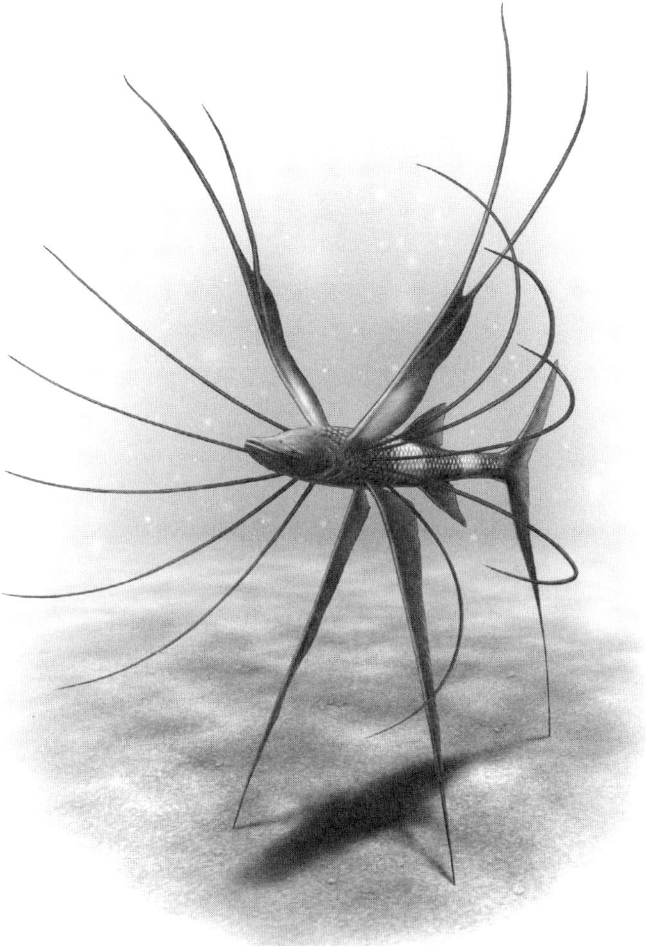

海底に立つ三脚

静止した闇に立つようなその姿からは、「孤高の哲学者」という言葉も浮かぶが、
アヒル顔なところが少々難である。餌をとる時はこの口が大きく開く。

エイリアンの干物

ワラスボ

映画「エイリアン」のデザインはスイスの幻想画家H・R・ギーガーの作品から作られたそうだが、**嘘っぱちである。**エイリアンの元ネタは有明海の珍魚、ワラスボだ。証拠も何もアナタ、この姿を見れば一目瞭然だろう。最近では「ハンニバル」「グラディエーター」などの大作を手がけ、不遜《ふそん》な態度にもさらに磨きのかかったとされる「エイリアン」の監督、リドリー・スコット氏には「スイマセン　ワラスボデーシタ」と申し開きをしていただきたい。

目も退化し、ウロコもないこの不気味な怪魚は、地元では干物にされ「珍味」と称してコンビニで普通に売られている。ビールのつまみに最高だそうだが、食って大丈夫なのだろうか。ほろ酔い加減のお父さんの腹を食い破って**「ギシェー!!」**などと叫び、タンスの裏とかに逃げ込みそうだ。そして天井裏で巨大化し、おばあちゃんをさらって繭《まゆ》にしたりするのである。

［ ワラスボ ］

体長30センチ。盲目のハゼの一種である。朝鮮半島、中国、日本の有明海に生息。軟泥にトンネルを掘って棲み、小魚、エビ、蟹などを捕食する。稚魚の間は目が見えるが、成長するに従って退化し、やがて盲目となる。

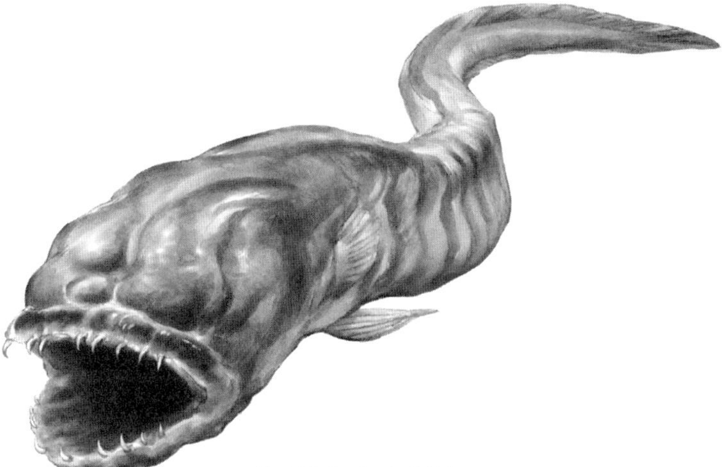

ペットにしたくないワラスボ

東西南北どこからみてもエイリアン(チェスト・バスター)である。
刺身にしてもうまいそうだが・・・。

お父さんの腹から・・・

深海で笑う者

オオグチボヤ

地面から口が生えて笑っている。実にナンセンスだ。筒井康隆の小説に出てきそうだが、ちゃんと実在するホヤの一種である。

あからさまに怪しい外見だが、その生態はというとやっぱり怪しい。大口を開けて待ち受け、小エビやプランクトンなどが無邪気に入り込むと、ガバッと口を閉じ、ゴックンと呑み込んでしまうのだ。

このオオグチボヤの生態は謎が多かった。外見がばからしいので研究する気がしなかったわけではなく、オオグチボヤ自体がなかなか見つからなかったのだ。だが最近の深海探査艇の調査により、この奇妙な生物にも光が当たり始めている。日本でも富山湾で「しんかい2000」が多くの個体を採集した。

ホヤは我が国では食材でもある。新鮮なホヤとキュウリをあえた酢のものなどは、酒の肴に最適の珍味だ。だがこのオオグチボヤが食えるかどうかはわからない。食えるとしてもこんな口だけの生きものを調理するというのもなかなかどうして気味が悪かろう。まな板で包丁を入れようとしていきなり、

「わはははははははははは」

と笑い出されたりしたら、板前もダッシュで逃げるだろう。

[オオグチボヤ]

体長13センチ。南極、南アメリカを含め、世界中に分布する。主に深海の峡谷に生息し、口のような入水口にプランクトン類、エビやカニなどを海水と一緒に取り込み、鰓嚢（さいのう）と呼ばれるザル状の器官で漉し取ってエサとする。生態など不明な部分が多い。

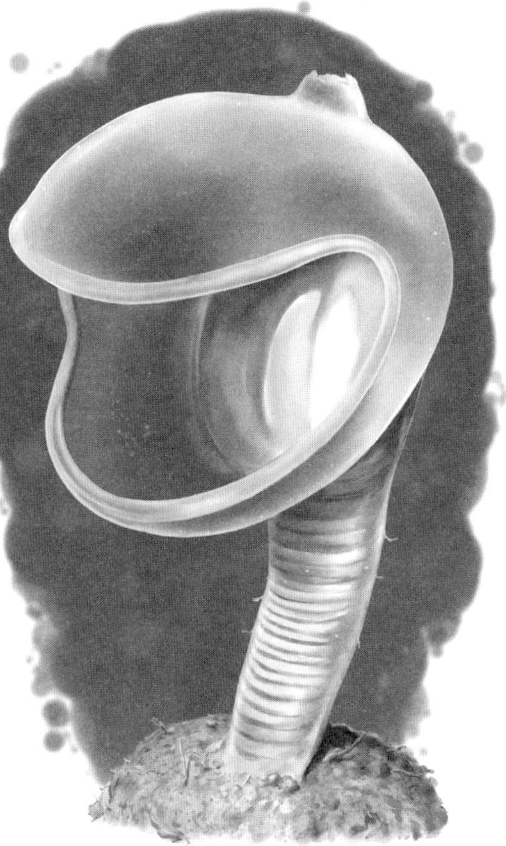

学名も「大きな二つの唇」の意

オオグチボヤの「口」は、酸素やプランクトンを取り込むホヤの入水孔が
異常発達してこのような形態になったと考えられている。
「リトル・ショップ・オブ・ホラーズ」の人食い植物にちょっと似ている。

真夜中の投網漁

メダマグモ

アメリカの片田舎に現れる宇宙人のように巨大な単眼を持つ。レンズで言うとFナンバー0.58という強力な受光能力で、そのフクロウでもかなわぬ、暗視ゴーグルのような視覚で闇夜の「投網《とあみ》」を打つのだ。

メダマグモは吊り下がった格好で、投網を構える。網の下には白い糞で「ポイント」が打ってある。このポイントを通過した次の瞬間、獲物は小包のようにくるまれている。目印と単眼、そして投網はひとつのシステムとして動作する。

蜘蛛《くも》の糸の組成は蛋白質分子の連鎖で、その強度は同じ太さの**鋼鉄の約5倍**。そして伸縮率は**ナイロンの2倍**。メダマグモの網も6倍もの大きさに伸張し、そして絶対切れない。警察の網は突破できても、蜘蛛の網を突破することは不可能なのだ。

同じ分子構造を再現し、この驚異の物質を人工的に作る研究が続けられているがいまだに実現しない。蜘蛛の糸は、それほど優れた自然界のハイテク合金繊維なのである。本当だったら、お釈迦様の垂らした糸に罪人が何人ぶら下がろうとも決して切れはしないのだが、そうなると罪人は皆往生してしまって話にならない。蜘蛛の糸は科学的には強いが、文学的には弱くあっていいのだ。

［ メダマグモ ］

体長2〜2.5センチ。南アメリカ、アフリカ、オーストラリアの森林に棲む。昼間は樹木に紛れているが夜に捕食行動を起こす。「投網」は切手ほどの大きさだが最大6倍にも伸張する。メスの網はオスのそれより若干小さい。単眼の受光能力は猫やフクロウよりも優れている。

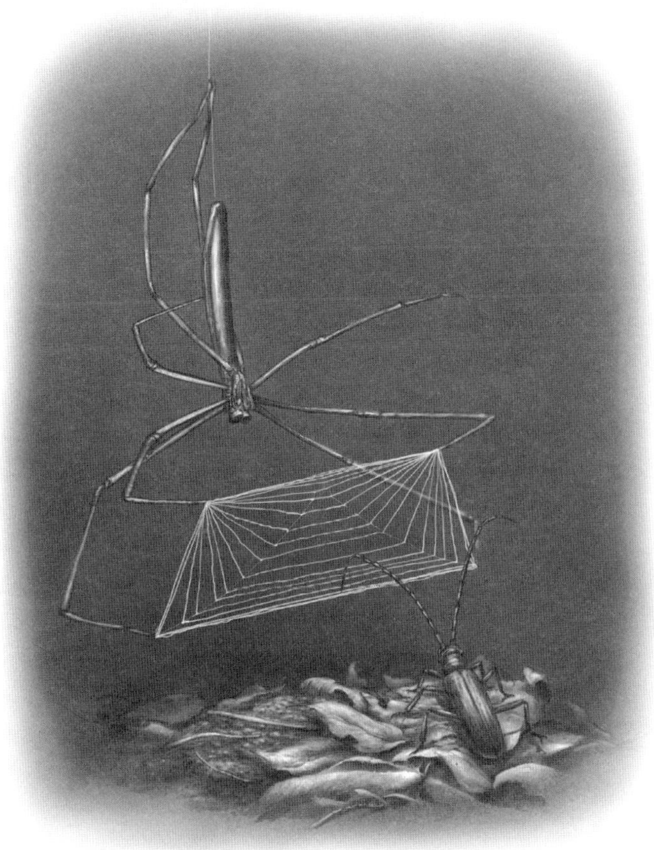

投網を打つクモ

昼間は木々の間でじっとしており、日が暮れると「投網」を編み始め、狩りに備える。
30分ほどで完成し、数回伸び縮みさせてテストしてから本番に備える。

敵には毅然とした態度で

コアリクイ

力もスピードも凶暴性も、歯さえもない哺乳類。主食はアリ。

エサがアリなどとはみじめな気もするが、意外に栄養は満点らしい。中国ではアリは精力増強の食材としても使われている。そんなものを主食にしているのだから、案外いろいろとスゴイのかもしれない。

とはいうものの、別に始終鼻息荒くしているわけではなく、性質はおとなしい。だがやるときはやる。敵に対しては毅然《きぜん》たる態度をとるぞ。裕次郎ばりに仁王立ち、両手も広げて相手を威嚇《いかく》だ！ でかいぞ！ こわいぞ！ 危険だぞ！…と、本人はアピールしているようなのだが、その姿は**「イヤーンバカーン」**のポーズに見えてしまうのが残念なところだ。白地に黒ベストというファッションも無意味にステキ。

だが、その主食たるアリに対してだけは滅法強い。巧みに樹上を移動し、鋭敏な嗅覚でアリを追跡、蟻塚《ありづか》を見つけると前足で豪快にぶっ壊す。そして素早い小蛇のような舌を使い、魔法のごとく器用にアリを舐め取ってしまう。兵隊アリは玉砕覚悟で総攻撃をかけるがまったくどこ吹く風。刺されようが噛まれようがいささかの痛痒《つうよう》も感じない。悪名高きあの軍隊アリにたかられても「別に」とでも言いたげだ。まったくアリ類にとっては悪魔のような存在である。

［ コアリクイ ］

体長50センチほど。中南米の森林で樹上生活を送る。貧歯目（ひんしもく）に属し、歯はまったくない。40センチも伸びる舌で大量のアリを舐め取って食べるが、餌を確保するため、アリの巣を全滅させる事はしない。通常は単独行動だが、母親は子供を3ヶ月間背負って暮らす。他の仲間にオオアリクイ、ヒメアリクイなどがいる。

穏やかな顔で威嚇

敵に遭うと両手を広げて威嚇する。このポーズも自然界では有効なのである。

妖女で掃除婦のメデューサ

オオイカリナマコ

体長3メートルにも達するナマコである。海蛇とよく間違われ、沖縄でもイムパブ(海のハブ)と呼ばれている。

頭部の触手は、海底の砂を休みなく口へ運んでいる。切ない人生にわびしく砂を噛んでいるわけではなく、砂の中に含まれる有機物やバクテリアを漉《こ》し取って食っているのだ。

体長3メートルもありながら、そんな程度のエサでエネルギーをまかなえるのだろうかと疑問に思うが、ナマコのエネルギー代謝は哺乳類の100分の1程度と異常に低く、動きも鈍いためエネルギー収支は成り立つのである。しかしそんなに鈍いならあっという間に捕食者の餌食《えじき》になりそうなものだが、食っても肉らしい肉はなく、しかもホロスリン系の毒が魚に働きかけるのでエサとしては敬遠されている。捕食者に対抗するのではなく、ひたすらお目こぼしにあずかるようにその身を進化させてきたのだ。

日頃はおとなしいが、繁殖期になると鎌首をもたげ、トランス状態のイタコのように激しく身悶えし、狂ったように頭を打ち振る。だが別に発狂したわでけではなく、これが彼等の放精・放卵の様子なのだ。その異様な姿形からダイバーなどからも嫌われており、外国でも、髪が蛇と化したギリシャ神話の怪物「メデューサ」に例えられもする。

だが、人間が「海は美しいなァ」などといっていられるのも、これら異形の怪物がせっせと海を浄化しているおかげなのだ。

[オオイカリナマコ]

体長3メートル。直径5センチ。世界の熱帯水域に広く分布。生息域も波打ち際から深海までと幅広い。砂泥を取り込み、濾過して有機物をエサとしている。繁殖期はオスが精子を、メスが卵子を海中に放出する。奄美大島で4.5メートルのものが見つかったこともある。

奇怪なウミヘビ

触れるといきなり縮むが、全身が微細なイカリ型の骨片に覆われているため、
手でつかむとからみついてくる。触れるとかぶれることもあるという。

出会いを大切にします

ボウエンギョ

身も凍るほど冷たく、酸素も食料も乏しく、光もほとんど差し込まぬ暗黒の世界、深海。そんな陰気な場所でも数十万種の生物がいるといわれており、ボウエンギョもその一味である。

深海は他の生物と行き交うこともまれである。ツンドラ地帯に左遷され、一人暮らしするようなものだ。だから深海魚は出会いというものを大切にしている。ごくたまに相手に出会うと一生懸命追いかけていき、挨拶もそこそこに丸呑みにする。逃げられては困るので、呆れるほど口を馬鹿でかくしたり、自分よりでかい獲物も呑み込めるような胃袋を持ったり、さまざまな芸も磨いてきている。

このボウエンギョは、出会った生物を絶対に見逃さないよう、視覚に対し強力な淘汰が働いた結果、このような**サイバーパンク**なデザインになったのであろう。そしてこいつも自分と同サイズの魚も丸呑みにできる。暗い暗い海の奥底ではこのような物いわぬ珍妙な姿形の連中が蠢《うごめ》いているのである。

昨年もオーストラリア沖で、未知の深海魚が**500種以上**も網にかかったが、その姿はどれもこれもデーモン族のようで見る者をびびらせた。地球の無意識ともいえる、自然界の深奥、深海。そこは外宇宙ほどの未知の世界である。大金をかけて火星に宇宙船を送るより、深海に探査艇を送った方がよほど面白そうだ。深海には未知の生物がゴマンといるだろうが、火星にはタコがいるだけだ。

[ボウエンギョ]

体長5〜10センチ。インド洋北部、大西洋の深海に生息。仔魚時代は表層で暮らすが、成長し、著しく変態すると深海に降りてくるようになる。顎（あご）が軟骨化して、自分より大きな獲物も呑み込める。可倒式の針状の歯が生えており、獲物を逃がさない。

攻殻機動隊のキャラクターではない

西伊豆には深海魚のネタを出す寿司屋があるが、
ボウエンギョはないようである。

危ない海の宝石

アミガサクラゲ

厳密にはクラゲではなく、「クシクラゲ類」という生物の仲間で、クシの歯のように生えた繊毛《せんもう》を、エイのように微細に波打たせて遊泳する。その際、繊毛は目もあやな虹色に光るのだ。ネオンのように移り変わるそのさまは幻想的で、「ビーナスのガードル」ともいわれる。この官能的な輝きこそクシクラゲ類が「海の宝石」と評される所以《ゆえん》である。

しかしクシクラゲ類の中のアミガサクラゲは、そんな名誉称号も我関せずとばかり、エサと見ると遠慮のない大口を開けて迫ってゆく…がこいつの場合はもはや体全体が口である。口が泳いでいるようなものだ。そして自分の2倍もある獲物も平気で丸呑みにするが、**その獲物とは仲間のクシクラゲ類なのだ。**

獲物を呑み込むとヒョウタンのように膨れあがり、しかも体内の獲物は透け透け。ひょうきんだかグロテスクだかわからぬ珍妙極まりない格好だが、体表は美しく官能的に輝くレインボー…これはつまり美しいのか? 笑うべきなのか? 判断に苦しむ。

しかしとりあえずこんな姿を見ると「海の宝石」にウットリしていた気分も一気に白けてしまい、美しい輝きもパチンコ屋のネオンに思えてくる。しかもこいつら、意味もなく大量発生し、平和な海の生態系を大崩壊させたりする、ろくでもない存在でもあるのだ。

［ アミガサクラゲ ］

体長5センチ。約90種いる有櫛（ゆうしつ）動物門の一種。クラゲとは異なる。世界中の海域、熱帯から極域、表層から深海まで幅広く分布する。クシクラゲ類はすべて肉食でプランクトン、稚魚などを食う。体表にある8列の櫛板と呼ばれる繊毛が虹色に光るのが特徴。近年、大量発生による環境への「負のインパクト」が問題視されている。

発光しながら獲物を追うアミガサクラゲ

この発光はホタルのような生物発光ではなく、光の散乱であることはわかっているが、なぜ光るかは解明されていない。敵を撹乱するためとの説もあるが定かではない。

進化論をひと刺し

アカエラミノウミウシ

ミノウミウシ類は、ヒドロ虫などの毒を持つ刺胞動物《しほうどうぶつ》をものともせずに食いちぎるばかりか、その有毒の刺細胞《しさいぼう》を体内に取り込み、背中の突起に搬送して**己の防御兵器にしてしまう。**戦車や戦闘機を食って砲塔やミサイルだけを自分の武器にしてしまうようなもので、軟体動物の芸当とは思えない。

こういった事例はダーウィン進化論への攻撃材料となってきた。ミノウミウシの場合、毒への耐性、毒物の体内搬送、突起の先端の機構など、すべての仕組みが同時に完成されており、全体がシステムとして機能しないと毒で自分が死んでしまう。相手の毒物を利用するような高度な仕組みが、何の設計もなしに自然淘汰を経て完成されるのは不可能だ、との主張である。

だがダーウィン論者は、どんなに未発達の機構でもそれが生存に1%でも有利に働く限り、こういった複雑なシステムが徐々に進化し、発達することはあり得る、と説く。いまだに結論は出ていない。

しかし、この高度な防衛機構を備えたアカエラミノウミウシが海底を悠然とのたくっていると、ウミウシ界のワルキューレ、ウミフクロウの素早い襲撃に、威嚇《いかく》する間もあらばこそ、あっさりと食われてしまったりする。完全無欠の防衛兵器などありはしない。そして軍拡に終わりがないのは動物も人間も同じだ。

[アカエラミノウミウシ]

体長3センチ。ミノウミウシ類は温帯の岩礁域に生息し、その多くが上記の刺胞による防衛機構を持っている。刺胞を持つヒドロ虫、イソギンチャクなどをエサにする。アカエラミノウミウシは日本の特産種で、分布は本州から九州にかけて。雌雄同体。

背面のしなやかなミノで敵を撃退
アカエラミノウミウシの胃と背の突起（ミノ）は特殊な管で結ばれ、動く繊毛が刺胞を安全に運搬する。

進化論の目の上のコブ

ヨツコブツノゼミ

ツノゼミ類の形態には異様なものが多く、虫けらのくせに現代美術に傾倒しているようだ。ツノゼミの一種、ヨツコブツノゼミも、**草間《くさま》彌生《やよい》の作品です**と言われればそうですかと納得してしまいそうだ。

このコブ状物体は、何のためにあるのか。悪目立ちするばかりで擬態にもなっていない。栄養が詰まっている訳でもない。飛行時の安定板という説は物理学者が怒りそうだ。雌をひきつけるわけでもない。というわけで**今もって全く解明されていない**。

でかく、重たく、目立つこんな構造物は、ツノゼミにとっては明らかに生存上不利に働くはずだ。従来のダーウィン進化論で行くと、斬新的な進化を遂げた生物の機能は必ず合目的的で、こんな無駄なものなどはないはずだ。だがこのツノゼミのばかげた装飾はそんな理屈を笑い倒しているように見える。そしてお決まりのダーウィン主義者vs創造論者の引っかきあいが始まるのである。

自然淘汰の帰結にしろ、創造者の設計にしろ、この造形は「こんなんやってみたりしち」(©谷岡ヤスジ)という具合にテキトーに作られたわけではなかろう。何らかの意味が必ずあるはずである。時間はかかるかもしれないが、人類の英知は必ずやこの自然界の謎を解き明かすに違いない。それまでに絶滅しなければよいが。

ツノゼミの話ではない。人類の話である。

[ヨツコブツノゼミ]

体長1センチ弱。熱帯地方の森林に生息する。草の汁などを吸い、しばしば群生する。体節の胸部第一節のみが異常に発達しているが理由は未だによくわかっていない。
進化論については、近年には構造主義進化論、断続平衡説といった新たな潮流も出てきている。

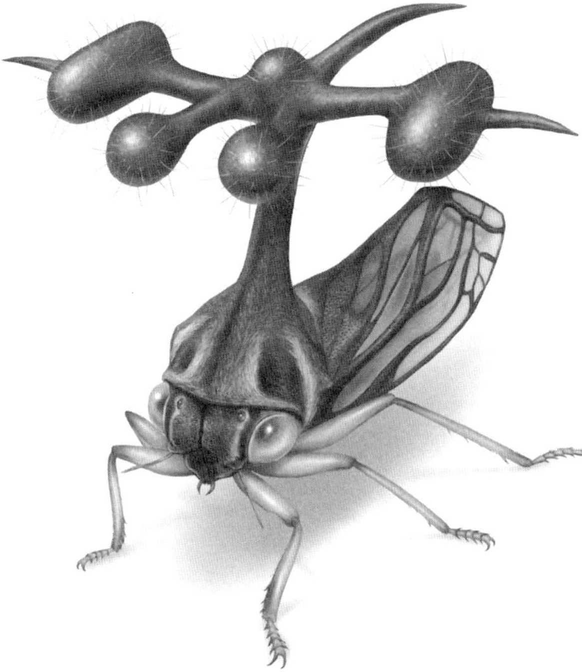

意味不明のコブ

いかにもしんどそうだがこれで平気で飛んだりするのだ。
他のツノゼミ類も実にさまざまな形態でその奇天烈さを競っており、その種類は2000を超えるという。

進化論議のネタより寿司ネタ

コウイカ

コウイカは体色をネオンのように瞬時に変幻させて姿を消し、敵を驚かせ、仲間と「会話」する。海中を自在に飛び回り、鋭敏な視力で獲物を狙い、死角から忍び寄ると触腕《しょくわん》をミサイルのように発射して捕獲。逃げるときは墨の煙幕。まるで何者かに巧妙に設計されたような、精密機械のごときコウイカを見ると、つい「天上の創造主」というファンタスティックな空想に思いを馳せてしまう。

思いを馳せるだけでは飽きたらず、昨年アメリカ・カンザス州では、教育カリキュラムから**「進化論」の項目を削除**するという「改定案」が通過した。現ブッシュ大統領の支持層かどうかは知らないが、創造主を否定する理論に不快感を持つ人は多くいるらしい。メディアは「創造論の勝利」と報じた。テクノロジーは進歩すれど、人間の精神は容易に変わらないものらしい。世界はガリレオ・ガリレイ以前に逆戻りを始めたと言ったら言い過ぎであろうか。

しかし、ま、我々日本人にはそんなことより気がかりなのはコウイカの旬。冬から春にかけて、その身厚く柔らかく、旨味もたっぷり。天ぷらもよければ寿司もよし。上物を肴に熱燗《あつかん》で一杯があれば、もう何にもいりませんし、難しいことも何にも考えません。

［コウイカ］

外套長（がいとうちょう）最大18センチ。全世界の海に分布する。砂泥質の海底近くに棲み、魚や甲殻類を捕食する。体の中に石灰質の「甲」を持ち、この部分で浮力を調整している。春から夏にかけて沿岸近くの海藻などに産卵。寿命は約1年。

コウイカの狩り

獲物の捕獲率はほぼ100%。海底の忍者でありハンターである。
色素配列を変え、瞬時に体の色や模様を変える。擬態や仲間との意思疎通だといわれている。

ポール牧攻撃

テッポウエビ

音波兵器を持つエビである。音波兵器といっても、細川ふみえの「だっこしてチョ」などといった曲を大音量で流し、付近の魚貝類を死滅させるといった大量破壊兵器ではない。攻撃用に発達した片方のハサミを打ちつけ、強力な破裂音を発するのだ。夜店で「ぱっちんエビ」と称して売られてしまうほど、人間にしてみれば他愛ない音であるが、海底で静かに暮らす小エビや小魚などの小市民にとっては、目前で炸裂《さくれつ》するダイナマイトにも匹敵する衝撃波だ。至近距離で喰らえば、小魚などは簡単に失神し、その場にぷかりと浮いてしまう。「びっくりして気絶したおさかな」などと言えば、ほほえましい情景といえなくもないが、意識不明となった小魚はそのまま巣穴へ拉致され、頭からむしゃむしゃと食われてしまうのだ。

同じ指ぱっちんでもポール牧のそれとはかけ離れた、**衝撃と恐怖の指ぱっちん**なのだ。

［ テッポウエビ ］

テッポウエビの仲間は種類が多く、海底の砂地、珊瑚礁など、すみかもさまざまである。巣穴からはあまり離れず、衝撃音で小魚や小エビを捕らえて食べる。

テッポウエビの音の秘密

片方のハサミだけが大きく発達している。
はさみには凸部と凹部があり、そこを打ちつけてパチッというかなり大きな音を出す。

エビハゼ安全保障条約

テッポウエビとハゼ

強力な音波兵器を持つテッポウエビだが、実は目が弱い。非常に弱い。メガネを落とした横山やすしよりさらに見えない。つまりほとんど見えないのだ。外界での行動は実に危険である。その弱点をカバーするためテッポウエビは**ハゼと協定を結んでいる。**

エビが移動するときはハゼが付き添い、リードする。そして敵が近づくと尾を振ってエビに非常警戒を促し、一緒に巣穴に待避する。その代わりエビは巣穴にハゼを下宿させてやるのだ。エビの中には念入りにハゼ2匹と協定し、別の1匹には上空を旋回させて警戒にあたらせるという、さらに厳重な高度警戒態勢をとっているものもいる。お互いの長所を見事に生かした完璧な連携プレーである。

それにしても**こういう取り決めがいかになされたのであろうか。**ハゼとエビが談話室滝沢で打ち合わせでもしたのだろうか。エビの触覚は常にハゼに触れているし、いくら共生とはいえ仲が良すぎる気もする。「女性自身」なら「種を越えた愛!!」などと絶叫調の見出しをつけたくなるかもしれないが、あいにく肉体関係はない。

［ ニシキテッポウエビとダテハゼ ］

テッポウエビとハゼの共生で最も有名なのがニシキテッポウエビとダテハゼの共生である。エビの触角は常にハゼに触れており、ハゼの動きを察知する。エビの巣穴の維持にはハゼは関与しない。高度警戒の役には優美なハナハゼがよく見られる。このパートナーシップは、ハゼが繁殖期で巣を離れる際、またはエビの雄雌が巣でつがう時は一時的に解消される。

稚魚、稚エビの頃から続く、テッポウエビとハゼの共生
ハゼはエビの触覚に触れ、盲導犬のように誘導する。
敵が来るとハゼは尾を振って警告し、2匹とも巣穴に逃げ込む。
エビの攻撃時にはさすがに距離を置くようだ。

実在した平面ガエル

コモリガエル

♪殿様ガエル・アマガエル　カエルにいろいろあるけれど　こっのっ世〜で一匹ィ!……実在する平面ガエルは、ピョン吉ではなくコモリガエル。シャツに貼りつき言葉をしゃべり、おまけにド根性で寿司好きという設定にも負けない奇妙さを持ったカエルだ。

コモリガエルのオスとメスは後背位で**抱き合ったまま水中で宙返り**して交接する。その大回転の頂点でメスは卵を産みオスが放精、**落下した卵をメスは背中でキャッチ**する。中国雑伎団のようなアクロバティックでスリリングな交接だ。

メスが背中でキャッチしたたくさんの卵を、オスは腹で押しつけて定着させる。タコヤキのように背中に並んだ卵はやがて皮膚に沈んでいき、母ガエルの背中には無数の育児室ができる。

卵はその育児室で孵《かえ》り、生まれた子供たちはそれから100日の間、育児室で大切に育てられる。常時おんぶされてるようなもので、子供は全く安全だ。そしてときが来て、子供たちは母に別れを告げ、背中から外界へ飛び出していくのだ。

こんなに丁寧な子育てをする生きものは滅多にない。両生類とはいえ、その母心には我々も打たれてしまう。ピョン吉はド根性だけどお母さんはド愛情だね! コモリガエルのお母さん、本当にごくろうさまでした! うわっ! こっちくんじゃねえ! 気持ちわりいなあもう!!

［ コモリガエル ］

別名ピパピパ。体長最大20センチ。南アメリカ北部の川、沼に棲む。前足の先に獲物を探知するセンサーがついており、これに獲物が触れると瞬間的に口の中へ入れる。主に昆虫、小魚を食べる。メスが子供を卵のときから背中で育てる。

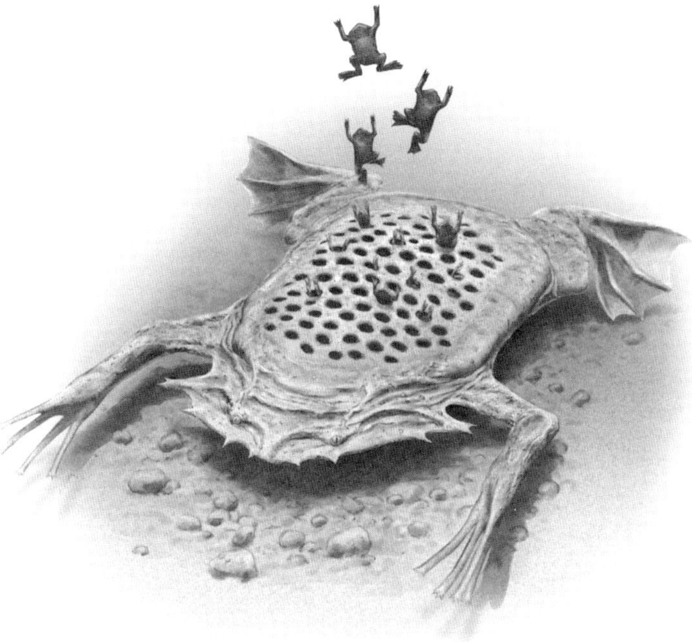

仔ガエルの巣立ち

母ガエルの背中に乗った卵はやがて埋没していき、「育児嚢（いくじのう）」と呼ばれる小部屋ができる。ここで母ガエルは仔ガエルを100日間育てる。

素敵なナイトライフの演出に・・・

ウミホタル

米粒ほどの甲殻類で、刺激に反応し、非常に美しく鮮やかな青色の蛍光液を出す。敵を驚かす自己防衛手段であるといわれているが目的はともかく、そのロマンチックな光の乱舞は多くの女性をトリコじかけにしてやまない。そこで彼女をソノ気にさせるために青少年はオシャレ水族館などに女を連れて行く。「ウミホタルショー」なるものを2人で眺めるためだ。これはワイングラスに入れたウミホタルに曲に合わせて**電気ショック**を与え、あたかもウミホタルが**ノリノリ**であるかのごとく景気よく光らせる一種の拷問ショーである。ウットリする彼女の前で係の人に「この後このウミホタルはどうなるんですか」などと無粋なことを聞いてはいけない。そして彼女をそのまま小洒落たレストランにエスコート、カクテルで酔わせ、その後はもう説明の必要はなかろう。

しかし萌え系アニメ美少女好きのコミュニケーション不全な青少年や女子高生好きの中年が、滅多にないデートの機会にこういう真似をしてもムダである。小道具ばかり素敵でも、独り相撲に終わるのがオチだ。華麗な光の乱舞も、成仏できない人魂に見えてしまうであろう。

[ウミホタル]

体長3ミリほど。甲殻類でミジンコなどの仲間である。日本の太平洋岸に分布。鮮やかな色に発光するのは魚などの外敵を驚かすためだといわれている。ゴカイ・イソメなどの生物を捕食。夜行性で昼間は砂に潜っている。近年は環境汚染により生息域は狭められている。

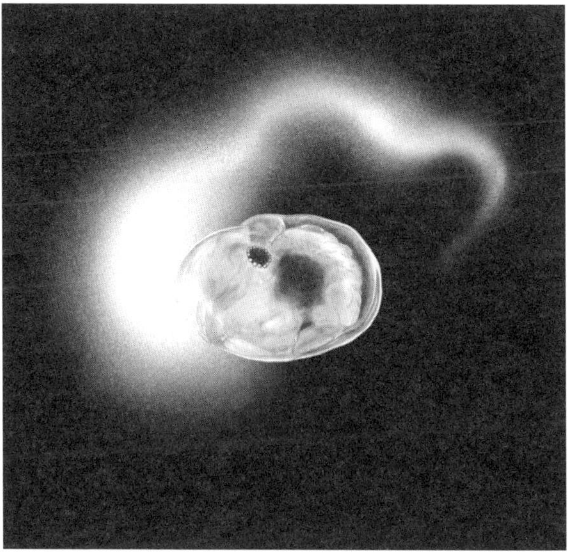

発光液を噴出する

この発光はルシフェリンという発光素によるもの。
戦時中は発光材料として旧陸軍で研究されていた。

雰囲気だけでは効果はない

海洋演芸大賞ホープ賞

ミミックオクトパス

あるときは無害なイソギンチャク、あるときは危険な海蛇、そしてまたあるときは有毒なミノカサゴ…しかしてその実体は! タコでーす。

近年発見されたばかりでまだ正式名称もなく、とりあえず「ミミックオクトパス(擬態たこ)」と呼ばれている。擬態といえば、ナナフシが枝に似るように、体そのものが変化・変型して周囲に同化することをいうが、このタコは違う。**形態模写**をやるのだ。

ミミックオクトパスは、狩りの時は弱い生きものに化けて相手を騙《だま》し、また外敵相手には、有毒生物に化けるという具合に、状況に合わせて蟹、エイ、海蛇、ミノカサゴなど、さまざまなものに化ける。「休憩中のタツノオトシゴ」「ゆらゆら浮かぶクラゲ」など凝ったネタもある。人間もその存在に長いこと気づかなかったほどの芸達者だ。

それにしても進化だけでこのような芸を身につけられるものなのだろうか? このタコはあきらかに「客」に合わせて、その時に一番「ウケ」るネタをかましているのだ。

ミミックオクトパスの物真似のネタは**40種**を超えるといわれている。これだけあれば独演会も張れるだろう。一方、一発のギャグだけで生涯食っていく人間の芸人もいる。水棲無脊椎動物に対して、霊長類ヒト科としてこれはいかがなものであろう。

そういえば人気だった物真似トリオ「トリオ・ザ・ミミック」は今どうしているのであろうか。

[ミミックオクトパス]

腕を広げた長さ40センチ。砂底域や砂泥底域に巣穴を掘って生活している。さまざまなものに次から次へと変身する。他のタコと同じく貝や甲殻類をエサとする。隠れ場所もない砂地での保身と捕食の必要からこのような技を身につけたという説もある。

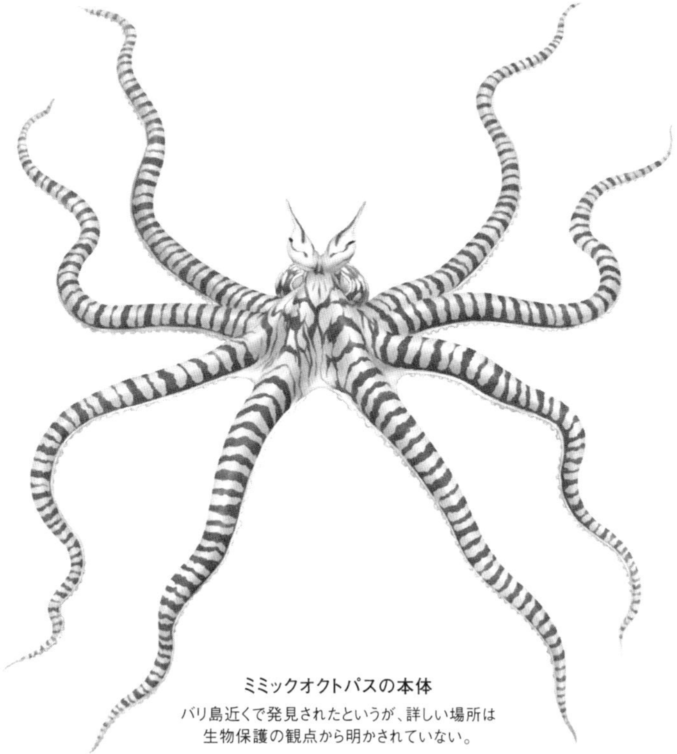

ミミックオクトパスの本体

バリ島近くで発見されたというが、詳しい場所は
生物保護の観点から明かされていない。

ウミヘビの真似

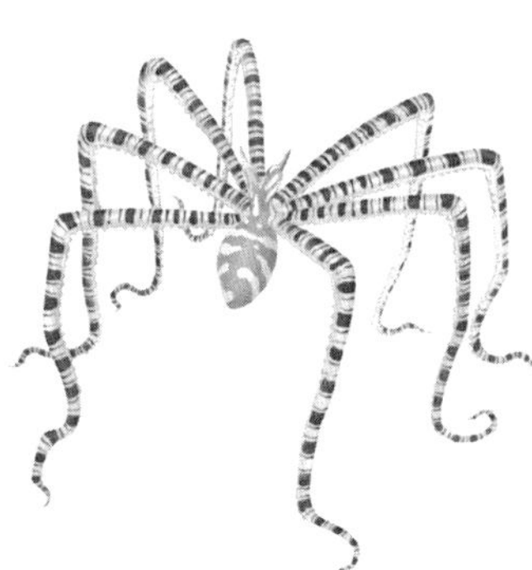

カニの真似

捕獲記事の見出しは必ず「ガメラ発見」

ワニガメ

体長1メートル以上、体重は180キロを超える肉食の巨大亀だが、その狩りの手段は巨体に似合わず姑息かつ狡猾だ。水底に身を潜め、大口を開けて、細い舌をミミズのようにくねらせる。その巧みな動きに魚が近寄ると、バネが弾けるように顎《あご》を閉じ、くわえた魚をひと呑みにするか、脚で紙のごとく裂いてしまう。この怪獣のような馬鹿力からか、ガメラのモデルだといわれるが、ガメラは当時の大映社長が空飛ぶ亀の幻覚を見て思いついたというのが定説である。

最近、この「ガメラみたいにかっこいい」亀をペットに買ったはいいがもて余し、「自然に帰す」と称してその辺に放擲《ほうてき》する輩《やから》が後を絶たない。手を食いちぎり、輸送中に木箱を破壊して逃走するほどのパワーも持つ、この**「猛獣」認定の亀**は、放水路で、県道で、工事現場で、**マンションの植え込み**で、いたる所で見つかっている。捕獲された亀は拾得物扱いになるので警察署員がおっかなびっくりの世話を余儀なくされるそうだ。

日本は世界最大のペット輸入国。珍奇で高価な動物を景気よく買って飽きては捨てる。痩せても枯れても経済大国、他国には真似のできない奔放さだ。だが自然界相手に札ビラを切るようなことを続けていれば、いずれその手を食いちぎられるだろう。

［ ワニガメ ］

北米南部の河川、湖沼に棲息する北米大陸固有種。魚などをおびき寄せて食べる。淡水棲の亀では世界で最大のものである。寿命は100年以上ともいわれる。甲羅に藻を生やし、水底で偽装してじっと獲物を待つ。春の産卵時期に雌は水から上がり、泥の中に球形の卵を10～50個ほど産む。目下絶滅危惧種に指定されている。

ワニガメの罠

舌にある器官をくねくねと動かし、魚を誘う動作は「ルアーリング」と呼ばれる。
歯はないので獲物を捕らえると引き裂くか丸呑みにする。

タマちゃんにはなれなかった

ボラちゃん

2003年4月、東京は立会川《たちあいがわ》に突如**数十万匹のボラが異常発生**。これは来るべき大災厄の不気味な前触れであった…ということは全くなく、単に迷惑なだけであった。テレビ局は第二のタマちゃんを狙ったか、**「ボラちゃん」**と名付けてニュースにした。だが、テレビにすぐノセられる人間は多いものの、さすがにボラ追っかけをするうつけ者は出なかった。

食ってもまずく、口をパクパクさせるだけで愛嬌もなく、人間には何のメリットもなかったが喜んだのは鷺《さぎ》である。ここを先途と食いまくった。酒池肉林ならぬ酒地魚林である。

ボラは出世魚、オボコ、イナッコ、スバシリ、イナ、ボラ、ときて最後に「トド」となる。「トドのつまり」の語源であるが、果たしてここで発生したボラの何パーセントがトドにまで出世できたろうか。おそらくそのほとんどが食われてしまったであろう。得をしたのは捕食者だけである。この異常発生は、厳しい自然の気まぐれな「食べ放題サービス」でもあったのかもしれない。トドのつまりそんなことだ。

[ボラ]

河口付近に棲み、外洋に出て成熟する。雑食性。出世魚といわれ成長に従い呼び名が変わるが、30センチぐらいのものをボラと呼ぶ。卵巣を加工したものはカラスミと呼ばれる珍味。

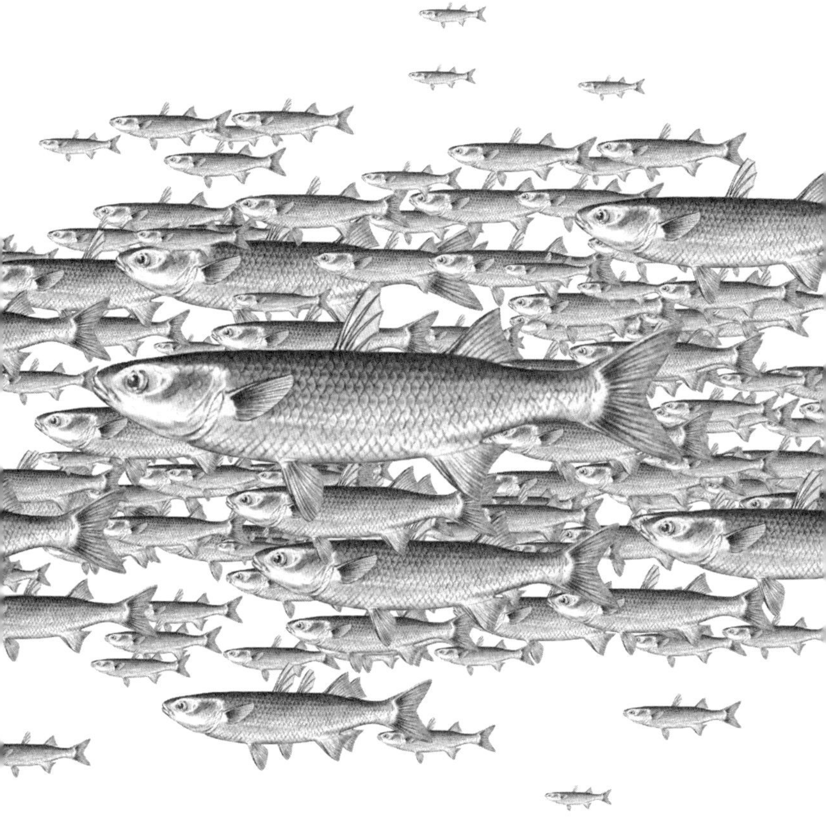

異常発生したボラ

原因は不明だが、自然界ではある特定の種だけがある時期に
異常に発生することがしばしばある。

哀愁の枯れ葉に潜む罠

リーフフィッシュ

枯れ葉よ　絶え間なく散りゆく枯れ葉よ
つかの間　燃え立つ　恋に似た落ち葉よ
枯れ葉よ･･･

イヴ・モンタンの憂いを秘めた歌とはあまりに縁遠い、ホラーな枯れ葉、それがこのリーフフィッシュだ。別名「枯葉魚」の名の通り、**枯れ葉に化ける魚**である。裏になり表になり、絶妙な角度と動きでゆっくりたゆとうそのさまは、まさに水に沈んだ枯れ葉そのものであるが、優雅な白鳥のたとえ通り、この演技を維持するため、リーフフィッシュの胸びれは常に忙しく動き、あたかも宇宙船のバーニアのごとく姿勢制御に余念がない。

だがこの懸命の演技は保身のためだけではない。攻撃用でもある。獲物の小魚を安心させ、さらに口元の疑似餌《ぎじえ》でおびき寄せる。そして射程距離に達した途端、たゆとう枯れ葉は殺戮者《さつりくしゃ》に豹変《ひょうへん》、怪物のような口を高速射出して獲物を瞬時に呑み込む。その間わずか0.2秒。

そしてその瞬きする間の殺戮の後には、何事もなかったかのように、イヴ・モンタンの名曲に合わせ、はかなげに漂う枯れ葉があるばかりであった･･･

枯れ葉よ･･･

［リーフフィッシュ］

体長10センチ。アマゾン河流域に分布。水中の枯れ葉そっくりの動作をする。体色は周囲の色に順応して変化する。卵は水草に産み付けられ、雄が守る。観賞魚としても人気がある。

枯れ葉から殺戮者に豹変

枯れ葉に化けるだけあって、厚みもほとんどない魚である。
観賞用として飼育する場合は、他の魚と混泳させると食ってしまうので注意が必要だ。

貧乏臭い超化学兵器

ミイデラゴミムシ

　この昆虫は体内に化学プラントを持つ化学兵器ともいえる。貯蔵嚢《のう》には過酸化水素とフェノールの化学混合物が備蓄されている。攻撃時にそれらの化学物質は反応炉へと送られ、そこで酵素を触媒に爆発的に反応、発生したキノンと呼ばれる毒ガスは高熱を伴い、爆発音と共に尾部から発射される。反応炉は厚いキチン質の防護壁で、ミイデラゴミムシ自身が爆発してしまうことはない。強烈な刺激性のガスを、4分間に20発以上の発射が可能である。この昆虫は高熱の毒ガス蒸気を発射する砲台なのだ。

　こんなハイテク化学兵器に進化した昆虫の俗称は**へっぴり虫**。正式名称からしてゴミムシであるから、どうしても「くせえ虫」のそしりは免れず、まさしく虫けら以下の存在として扱われてきた。

　だがそれでいいのだ。このような物騒な兵器を備えた虫が米軍なみにのさばったら安心して昼寝もできぬ。へっぴり虫、くせえ虫として肩身狭くしておれば、少なくとも日本の風情はそれを許容するぐらいの寛容さは持ち合わせているのである。

御仏の鼻の先にて屁ひり虫　一茶

［ミイデラゴミムシ］

体長15ミリほど。日本全土、朝鮮半島、中国に分布する。湿気の多い草むらや畑、石の下などに棲む。主に夜間に活動し、他の小昆虫を捕らえて食べる。尻から発射されるガスは天敵のカエルなども撃退する。

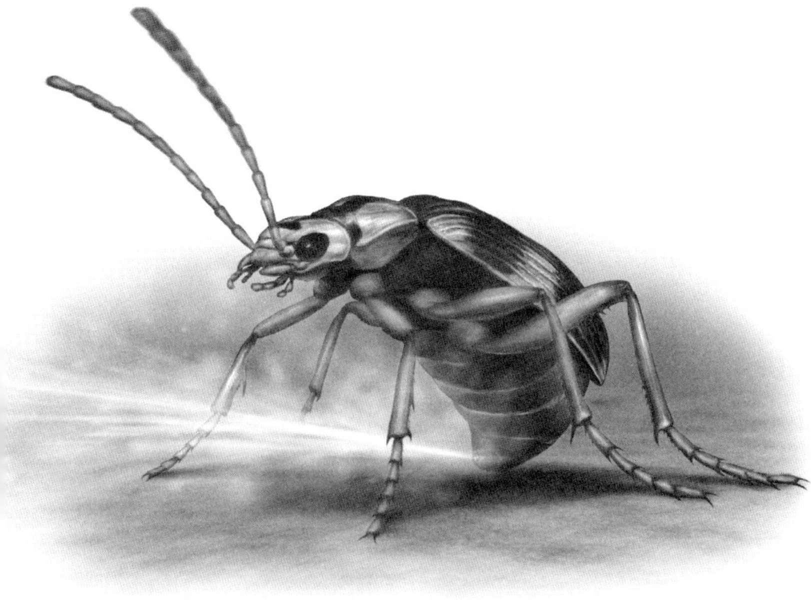

ミイデラゴミムシの攻撃

体内の酵素を熱から守るため、冷却と爆発を瞬間的に何度も繰り返すパルスジェット方式でガスを噴射しているという説もある。

貴重なわりには名前が安い

コウモリダコ

100年前にドイツ人が捕獲し、その記録図は存在していたものの、そのあまりといえばあまりの珍妙な姿に、当のドイツ人でさえ「いるわけねえだろ(ドイツ語)」と、長年思っていた。が、しかし、最近の深海探査艇調査の進歩により、とうとうその実在が確認された。

恐竜時代から変わらない原始生物だが、侮れない特技を持つ。全身を裏返し、トゲまんじゅう形態に変身《トランスフォーム》してその身を防御。頭部からライトを敵に照射して威嚇《いかく》。そしてその発光器を少しずつ閉じて、自分が遠ざかっていくような錯覚を敵に与え、とどめに光る粒子の煙幕と共に、一瞬で消え去る。相当な手練《だ》れである。

日本では古来からタコという生物は「タコの八っちゃん」といったユーモラスなイメージで親しまれているせいか、このコウモリダコのドキュメンタリー映像が放映されると、生きもの好きの間では綿矢りさ並みに人気沸騰、「コウモリダコ萌え」が続出し、フィギュアまで造られた。

だが西洋では単なるタコでさえ「悪魔の化身」のイメージがある。そのためか、タコをさらに奇怪にしたようなこの生物にも「地獄の吸血イカ」などという**ライダー怪人のような学名**がつけられてしまった。

今からでも遅くはない。科学的啓蒙の見地からも「ヒレヒレタコラ」とかそういった親しみのある名にしたらどうであろう。

[コウモリダコ]

体長30センチ。深海600メートルから900メートルの、酸素極小層と呼ばれる層に棲んでいる。何百万年も前から姿が変わっておらず、大昔に深海に適応したと考えられている。イカ・タコの先祖にもっとも近い生物といわれている。

エサを捕まえようとするコウモリダコ

フィラメントと呼ばれる1メートルもある触手を伸ばし、
それをアンテナのようにして獲物を探知すると考えられている。

昆虫もハートも狙い撃ち

アロワナ

アロワナは水面から体長の倍もの距離を大ジャンプして獲物を仕留める。水中から、空中高くの小さな虫を狙いたがわず捕らえるのだ。精妙な視覚システムと高度な運動能力がこんな芸当を可能にする。

「昇り龍」と呼ばれるこの流麗な跳躍、そして体色の美しさから観賞魚としても珍重される。辣椒紅龍《らしょうこうりゅう》だの藍底《あいてい》紅尾《べにお》だのという大層な名で呼ばれ、珍種に至っては17万5千ドルで取引されたこともある。

この素晴らしい魚にハートを奪われ、アロワナ飼育の魅力に取り憑《つ》かれたマニアは、他のことを忘れてしまう。狭い部屋に巨大な水槽を据え付け、水のpHショックにビクつき、温度計をにらみ、エサを食わねばオロオロし、寄生虫憎しと薬品をぶちこみ、病気になれば**手術**を施す。そしてエサのコオロギ、ネズミ、金魚、赤虫などの飼育も行うため家は野生園と化す。「昇り龍」をやらかすたびに、床でビッタンビッタンと跳ね回るアロワナを追い回し、ウロコ取れに泣き、目が垂れたと騒ぎ、女房子供はしまいに愛想を尽かして出ていってしまうがそれでもやめられない。

迂闊《うかつ》に安い幼魚など買うとたちまち巨大になって始末に負えなくなり、ショップは引き取らず、捨てるわけにもいかず、**思い余って食ってしまう**奴もいるという。人心惑わす魔性の魚類といえよう。

取り憑かれた人の背中《せな》には、アロワナの昇り龍が色も鮮やかに彫られている。無論本人にしか見えない。

［ アロワナ ］

体長60センチ、アマゾン川流域に分布。湿地、湖沼に生息する。他にアジアアロワナ、シルバーアロワナなど5種類がいる。昆虫の他に小動物を食うこともある。1億3千万年前から形態の変わらない、生きた化石とも呼ばれている。親が絶食し、口の中で子供を育てる「マウスブルーダー」であるが、これはオスの役目である。

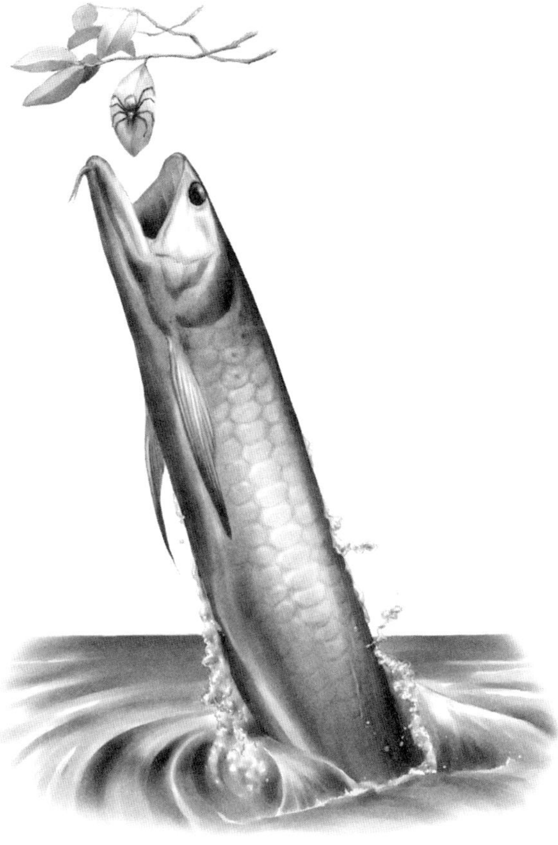

一撃必殺の昇り龍ジャンプ

右目と左目に映る映像の誤差から対象との距離を算出、光の屈折をも含めて
獲物の位置を測定し、精密射撃のような正確さで獲物を仕留める。

はかない狩猟者

ウチワカンテンカメガイ

浮遊性の**貝**である。海中を羽ばたいて「飛ぶ」ところから、「翼《よく》足類《そくるい》」といわれる。半透明で優美なそのフォルムは美しく、海中を舞う蝶のように優雅なところから、外国でも「シー・バタフライ」と呼ばれている。体はゼラチン質、申し訳程度の貝殻もついているが、ちょっと触るとすぐ壊れてしまうほど、もろく、繊細である。

だが、この優美で繊細な生きものは肉食で、狩猟者である。体長8センチの体から最大**2メートルにも及ぶ巨大な粘液の網をはき出し、**自分の周りに「定置網」を張り巡らす。ウチワカンテンカメガイはその網の中でじっと待つのだ。そしてプランクトンなどがかかると、その網をたぐり寄せて捕獲する。もしこの「漁」の最中に敵がくれば網をさっさと切断して逃げる。

翼足類は、終始けなげに羽ばたいており、蝶が花にとまるように海草にとまって休むようなことはない。そもそも手も足もなく、翼しかないので常に遊泳していなければならないのだ。彼等が翼を休めるとき、それは水底深く沈み、海底の泥と一体化するときなのだ。

巧妙な狩猟者は、美しく、そしてあまりにはかない。

［ウチワカンテンカメガイ］
体長8センチ。西太平洋の温帯から熱帯にかけて分布。海中の表層付近で群生していることがある。殻を失った浮遊性の貝の一種で、「翼足類」と呼ばれるが、薄く小さい殻は残っている。口からはき出す粘液の袋は「ミューカス・トラップ」と言われ、これでプランクトンなどを捕る。体はゼラチン質で非常にもろい。

海中を「飛行」する

本来、足である部分が翼状に変化した。
羽ばたく様子は蝶のようだが、「ミッキーマウスの幼虫」というあだ名もある。

脚だけで生きてます

ウミグモ

「ウミグモ」というくらいだから海底で蜘《く》蛛《も》の巣でも張るのかと思いきや、陸上のクモとは縁もゆかりもなく、当然、罠で獲物を狩るなどという悪辣《あくらつ》な真似もしない。折れそうなほどに細い足を律儀に交差させ、繊細な時計仕掛けのように海底を独歩し、カイメンなどをとろかしては静かにすするというつましい生活を営んでいる。

蜘蛛には立派な胴体があるが、このウミグモの胴体はほとんど消失している。東西南北どこから見ても脚だけである。「脚だけの生物」などというと、「人魚のミイラ」のようなインチキくさい見せもののようだが、ウミグモの消化器官、また生殖器官などはすべて**脚の中に格納されている**ので、看板に偽りはない。

細い体を絡ませ合って、などと書くと何やら艶ぽいが、ウミグモの雄雌の交接の姿は、単にひっからまった針金で艶もくそもない。そしてそのこんがらがった姿で放精・放卵を行う。受精した卵は雄が大きな卵塊にして持ち運ぶのだが、その姿はガンジーが息も絶え絶えに巨大な握り飯を運んでいるかの如くである。

ウミグモの大きさは、そのつましい生き様にも似合い、数ミリから1センチと小さいものだが、何故か深海性の種になると全長70センチにも巨大化し、にわかに幅を利かせてあたりの深海魚にガンを飛ばしたりするようになる。ある種の生物が深海に出張ると、このようにふてぶてしく巨大化してしまう「ジャイアンティズム」なるものの理由は、未だによくわかっていない。

[ウミグモ]

ウミグモ類は世界に約1000種が確認されているが、たいがいは1～10ミリの体長である。世界中の海で見られ、ヒドロ虫類、苔虫類などを消化液で溶かして吸い上げたり、また、はさみのついた「付属肢」で、上手に切り分けて食べたりもする。イソギンチャクに寄生して暮らす種類もいる。

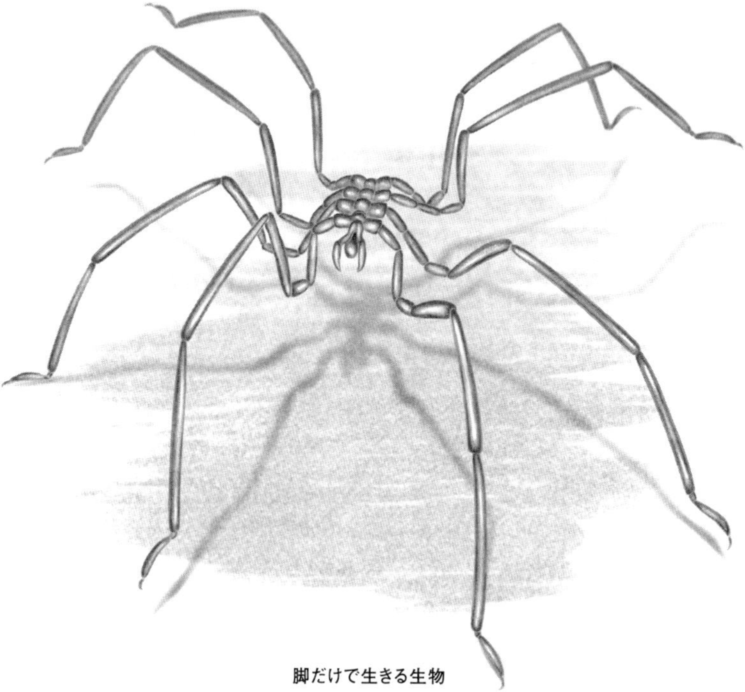

脚だけで生きる生物

脚ばかりからできているように見えることから「皆脚類（かいきゃくるい）」と呼ばれる。
担卵子（たんらんし）という専用のハサミで巨大な卵塊を運ぶ。

かわゆいどうぶつさん❶

ぼくたちの自由社会

プレーリードッグ

コロニーで社会生活を営む。そのかわいさから、「愉快なプレーリーランド」とかいった社会をつい想像してしまうが実体はどうであろう。

年に1回の発情期にオス同士は死闘を繰り広げる。そして勝者だけがメスとつがい巣穴を持ち、各巣穴には縄張りができる。そしてメスの出産と共に巣穴同士の生存抗争が激化する。

母親はよその巣穴に侵入して競争相手の子供を喰い殺す。さらには親子共々**生き埋め**にしたりもする。やり損なうと報復が待っている。お受験競争どころではない。群れのリーダーは子供と一緒に下克上で殺されることもあり、さらに群れ同士の抗争も激しい。蛇やイタチの襲撃にも毎晩のように犠牲者が出る。愉快なプレーリーランドどころではない。**「仁義なき戦い・広島死闘編」**のような毎日である。

このようにワイルドに、だが自由闊達《かったつ》に生きている彼らだったが、あまりのかわいさに多数が捕獲され、ペットとして売られていった。多くの人がこぞって買い求め、プーちゃんだのぷれ丸クンだのといった赤面的名前をつけ、初孫を授かった老人のように溺愛した。

だが、今はもうそんな人は少なくなった。別に「野生動物と人間の本来のあり方」などといったことへの認識が改まったわけではない。**ペストを媒介する**として感染症法が適用され、2003年3月に輸入が禁止されてしまったのだ。

[プレーリードッグ]

体長30センチ。げっ歯目リス科の仲間。北アメリカ中西部の草原に生息する。コテリーと呼ばれる小規模のコロニーが集まり、大規模な「タウン」を形成する。この「タウン」は65ヘクタールにも及ぶことがあり、穴を掘るため農家にとっては害獣である。基本的に草食であるが共食いもする。何故なのかはまだわかっていない。

見張り役のプレーリードッグ

群れの中の1匹が歩哨（ほしょう）として立ち、周囲を警戒する。
不審なものを発見すると犬のように鳴いて仲間に知らせる。

かわゆいどうぶつさん❷

遠い海からのお客さん

ラッコ

森進一《もりしんいち》の歌で有名なえりもみさきに、ある日3頭《さんとう》のかわいいラッコちゃんがやってきてみんな大よろこび。でもとてもこまったことがおきたんだ。ラッコちゃんは、えりもの人たちが海でだいじにそだてていた高級《こうきゅう》ウニ4トンを、ぜんぶぱくぱくたべちゃったんだ。3頭《さんとう》で4トンもたべるなんて、すごいね。えりものひとたちが損したおかねは4千万円《よんせんまんえん》。都内《となない》のマンションに愛人《あいじん》がかこえるね。おじさんたちにとっては、かわいいラッコちゃんも害獣《がいじゅう》なんだ。がいじゅう、ていうのはわるさをするくそケダモノっていみだよ。

でも退治《たいじ》はできないんだよ。どうしてかって? ラッコちゃんは国際保護条約《こくさいほごじょうやく》で守られているし、それにかわいいラッコちゃんをいじめたりしたら、「ラッコちゃんにひどいことをしないで」って怒ったりないたりする人がたくさん出て大さわぎになってしまうんだ。だからえりものおじさんは健《けん》さんみたいにじっとりふじんにたえるしかないんだ。でも、ほんとうはラッコちゃんを無反動砲《むはんどうほう》で粉砕《ふんさい》してやりたいと思ってるかもしれないね。ふんさいっていうのは爆発《ばくはつ》してこっぱみじんになっちゃうことだよ。何たって4千万円《よんせんまんえん》だものね。

えりもの春《はる》は何もない春《はる》です、ていう歌詞《かし》がシャレにならないね。

[ラッコ]

体長1メートル、体重30キロほど。イタチやカワウソの仲間。北海道以北の北方の海に分布する。襟裳(えりも)で1頭のラッコが目撃されたのは2001年の春頃で、非常に珍しいことだったという。2003年からは頭数も増え、滞在するようになる。実害も出るが保護条約のため駆除も出来ず、地元では頭を痛めたという。

大食いのラッコ

ラッコには皮下脂肪がないため、体熱の低下を防ぐためには食べるしかない。
1日に体重の4分の1ほども食べる。これは普通の哺乳類の倍以上である。

かわゆいどうぶつさん❸

みなみのしまのあくまだよ

アイアイ

♪ア〜イアイ　ア〜イアイ　おっさ〜るさ〜んだよ〜♪

童謡のくせに、カラオケランキングに入る人気曲。いいオトナもよく歌っている。この歌は誕生以来30年以上も歌い継がれている童謡界の横綱、子供ソングのホームラン王である。

しかしこの歌とアイアイの実像には**十万億土のへだたり**がある。アイアイは夜行性で、主に昆虫などを食べる。暗闇の樹上を幽鬼のごとく移動し、異様に伸びたかぎ爪で木の幹を素早くカカカカカカ…と**打診**する。そしてレーダーのような耳でその音を探知、エサの芋虫の居所を探りあてると、かぎ爪を突っ込んで無造作に引っかきだし、むしゃむしゃと食ってしまう。

不気味な目、巨大な耳、長く伸びたかぎ爪などは悪魔のように見えるが、実際に現地では「悪魔の使い」の異名をとり、見つめられるとその爪で引き裂かれると言われる。のんきに歌っている場合ではない。

「アイアイ」の作詞家の相田裕美さんは、実はアイアイのことは何もご存じなく、歌詞のヒントは名前と図鑑の絵だけだったそうだ。

図鑑が適当な出来だったからこそ、この歌は生まれたともいえる。夜陰に乗じて狩りをし、かぎ爪に芋虫を引っかけてむさぼり食う姿が載っていたら作詞は山崎ハコがしていたかもしれない。

［ アイアイ ］

体長40センチほど、マダガスカル島のみに生息する夜行性の霊長類。昆虫の他、木の実、キノコなども食べる。伸張した中指は先端が二重関節になっており、自在に曲げられる。「アイアイ」の名前は、珍しい動物に驚いた村人の声を、発見者が動物の名前と勘違いしたところからついたとされている。熱帯林の破壊でその数は激減している。

"悪魔の使い" アイアイ
長いかぎ爪による特殊な狩りの手法は、生まれつき備わっているわけではない。
生まれた子供は二年ほど母親と一緒にいるが、その間に狩りの仕方を親から学習するのだ。

かわゆいどうぶつさん❹

仏恥義理有袋類

ブチクスクス

昨今は動物語を解析するのが一種の流行で、バウリンガルだのミャウリンガルだの、果ては貝リンガルなどというものさえ出る始末である。

ではここで新開発の、語呂合わせも不備な「クスリンガル」でブチクスクスさんの会話を聞いてみよう! どんなお話をしているのかな?

「てめ、何見てんだよ、ア〜?」
「アンだとこの野郎、誰に口きいてんだ? ア? ぶっ殺すぞコラァ!!」
「てめえどこのモンだ? 調子こいてンじゃあねえぞ、ンの野郎!!」
「ざけンじゃねェ、沈めるぞコラア!!」

以上、ブチクスクスさんの日常会話でした。

ブチクスクスはすこぶる動作の鈍い動物だが、すこぶる怒りっぽく、近づく仲間に対しても常に歯を剥《む》き、唸《うな》り、足を振り上げ、神経を逆撫でするような吠え声で威嚇《いかく》する。しかし喧嘩上等というわけではなく、やたらに相手を威嚇はするものの、**基本的には臆病者**なので本当の喧嘩になることは滅多にない。

人間(オス)同士の威嚇の場合、まずお互いが「ざーけんじゃねえ」等の威嚇音を発する。そして強さのアピールのため**竹内力**の顔となってお互いに迫ってゆくが、迫りすぎてついには顔と顔がぺったんことくっついてしまう。それでも竹内力をやめない。思わず大笑いだが、双方から飛んでくるパンチに注意したい。ちなみにブチクスクスをヤンキー語で書くと仏恥愚巣愚巣だ。夜露死苦。

[ブチクスクス]

体長60センチ。オーストラリア南東部、ニューギニアなどの熱帯雨林、マングローブ林に棲む有袋類(ゆうたいるい)。腹の育児嚢(いくじのう)で子供を育てる。木の葉、昆虫、卵、花蜜などをエサとする。動作は緩慢。単独で行動し、樹上で生活する。ブチがあるのはオスだけ。天敵はニシキヘビ。

樹上のブチクスクス

ぺたっと座って一日中動かないほど鈍いが、気は荒い。
尻尾を枝に巻き付かせバランスをとるが、使わないときはきっちり巻いておく。
西洋人は「最も美しい哺乳類」と評したが・・・。

C級怪奇映画で主役を張れる

ヤツワクガビル

体長40センチに及ぶ巨大な陸生ヒル。色も、毒々しい黄色と紺のツートンカラー。「ヤツワクガビル」という名前も怪獣のようで、「巨大吸血ヒルvs地獄のナチスゾンビ」とかいったくだらん怪奇映画に出てきそうだ。放射能で巨大化し、逃げまどう半裸のパツキン女を捕まえて血をぶちゅるぶちゅると吸ったりするのである。

このヒルの実際の主食はミミズ。でかい管が細い管を**のたうちながら呑み込んでいく**という、胃袋のあたりが酸っぱくなってくる食事風景だ。ラブラブなカップルが手をつなぎ、ランラランとハイキングに行ってこんなものを見た日にゃ2人の恋も終わりだろう。

しかしこんな嫌らしい生きものでもネットオークションなどに出るご時世だ。売る方も売る方だが、買う方も買う方だ。買って一体どうしようというのだろうか。大事に育てるとも思えない。きっとストーカーが振られた女への嫌がらせで宅急便で送りつけるに違いない。女性専用車両に放り込んでダッシュで逃げるのも面白そうだな。嫌な上司の弁当箱にも入れちまえ。かように野卑で下司な欲望をいろいろと掻きたててくれる、すさんだ世相にぴったりの生物である。

［ ヤツワクガビル ］

最大体長40センチに及ぶ、日本最大級の陸生ヒル。湿地帯の石の下、落ち葉の下などに潜む。山奥の森林に生息するが自然公園で見つかったこともある。肉食。

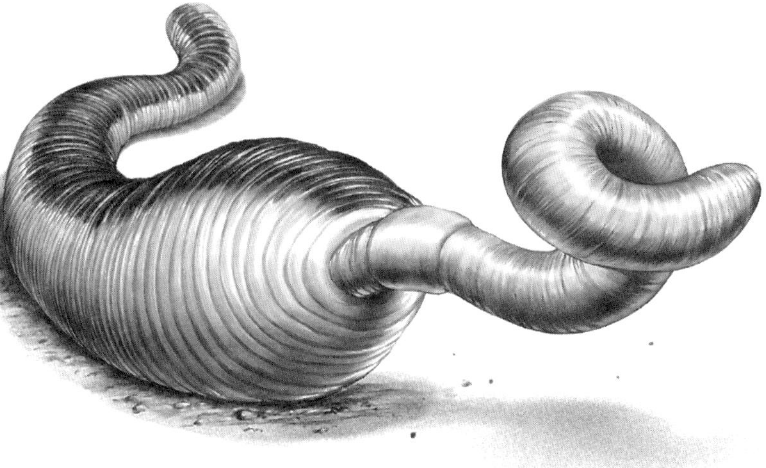

ミミズを食べるヤツワクガビル

体節が八つあるところから八つ輪、クガは古語で陸地を表すという。
クガビルの仲間にはムツワクガビル、ヨツワクガビルがいるがいずれも肉食でミミズを食べる。

食いしんぼうハンザイ

シュモクザメ

「シュモク」とは、鐘を打ち鳴らす「撞木《しゅもく》」という金づち状の仏具のことで、頭の形が似ているところからこの名がついた。抹香《まっこう》臭い由来だが、実はこの撞木部分は「ロレンチーニ器官」というハイテク探知機なのだ。魚の微弱な生体電気をキャッチするこの高精度探知機にかかっては、獲物の魚は砂に隠れようが見事な擬態でカモフラージュしようが全く無意味である。ロレンチーニ器官は魚の心拍さえキャッチできるのだ。

近年、この驚くべき機能を備えた生物は大量殺戮《さつりく》の憂き目に遭っている。危険だからではない。**フカヒレ料理人気**のため、密漁・乱獲が絶えないのだ。

生け捕られたサメはヒレだけ切り取られ、商品価値のない本体はそのまま捨てられ、やがて息絶える。一方、ヒレの方は丁重に扱われ、高級食材として大量に輸入される。サラリーマンでも手の届く価格になってきたため、ますます人気は高まったが、いまだ高級珍味として傲然《ごうぜん》とその地位を保ち続けている。

グルメ番組で芸能人が恍惚《こうこつ》の表情でフカヒレスープをすすれば、スタジオに詰めかけたおばちゃんたちは一斉に**「あァ～‥‥」**と、うらやましげな声を発する。その声はシュモクザメには呪詛に聞こえているのかもしれない。

[シュモクザメ]

世界の温帯熱帯に生息。体長は4メートルを超え、卵胎生で約30尾を産む。近年は乱獲でその数が激減しているという報告もあり、EU、アメリカなどはフカヒレ漁を全面的に禁止した。今後は個体数等の科学的データを検証した上で、環境保護と漁業採算性のバランスをとっていくことが課題である。

海底をスキャンするシュモクザメ

シュモクザメには4種類あるが、1種を除いて世界中の温帯に広く分布する。
性質はおとなしく、大きな群れを作ることもある。

カバ焼きでなくカバンになる

メクラウナギ

ウナギに「松」「竹」「梅」の等級がつくなら、このウナギには最低の「ゲス」がつけられてしかるべきだろう。深海の泥の中に潜み、陰茎(包茎)を思わせる体から大量の白濁した粘液を出す。「ヌタ」と呼ばれるその粘液はバケツ一杯の水に粘性を持たせるほどだという。海に沈んだ魚や動物の死骸を嗅ぎつけると、口や肛門から大勢で入り込み、掃除機で肉を吸い取ったように、骨と皮だけを残してそっくり食い尽くしてしまうという実にもって下劣な生き物、その名も不適切なメクラウナギ。

進化に取り残され、3億5千万年前のカンブリア紀初期からその姿は変わっていない。顎《あご》すらない原始的な形態だが、舌が変化したノコギリのような歯舌《しぜつ》が口内にずらりと生えていて、この歯で死肉をえぐり取るのである。

こんな下等な生物ではあるが、その皮をなめすとアーラ不思議、なんとハンドバッグやスーツケース、ゴルフバッグなどの**高級革製品に華麗に変身**してアメリカで大好評を博しているという。

アメリカ人のビジネスマンと会う機会があったらそっと観察しよう。彼らは、この生きた太古の化石ともいえるゲス生物の皮でできたブリーフケース片手に、最先端のITビジネスを弁舌爽やかに語り、安全と称する牛肉やらよく飛ぶミサイルなどを売りまくるのだ。

[メクラウナギ]

体長最大80センチ程度。世界の温帯水域に分布。普段は海底の泥の中に潜っている。目はほとんど見えない。甲殻類や衰弱した魚類を食べる。ウナギと名はつくが普通の魚類とは違って顎はなく、開いた口に鋭い歯状の突起が並ぶ。骨の代わりに軟骨の節で出来た原始的な脊柱があり、これらの仲間は無顎類と呼ばれ、その形態は3億5千万年前から進化していないと言われる。

メクラウナギ

大量の粘液を出すため、英語では「スライムイール」とも呼ばれる。
自身が粘液にまみれると、体を片結び状態にしてその結び目を移動させ、ぬめりを取り去るという器用な真似をする。
日本や韓国では食用にしているところもある。ぶつ切りにして焼くと意外に美味という。

海の藻屑と身をやつす

リーフィーシードラゴン

刑事ドラマなどでは、ドジをふんだチンピラや殺人の目撃者などは大抵とっ捕まって海に突き落とされてしまう。その際のセリフは「海の藻屑《もくず》になりやがれ」というのが大体のお約束だ。

そしてその通り本当に藻屑と化してしまったのがリーフィーシードラゴンだ。過剰装飾の皮弁はまったく海藻そのもので、これが巧みに体を揺らし、海中をたゆとう様子はどう見ても本物の藻屑としか思えない。エサは小エビなどだが必殺の狩りの手段などない。ひたすら藻に徹し、ひたすら待ち受け、ようやく近くに寄ってきたエビを、そのストロー口で吸い込むばかりだ。技もスピードもテクニックもなく、とにかく擬態ばかりが頼り、**擬態一筋数万年**なのである。

この生物はその外見と同じくらい生殖法も変わっている。雌が卵を雄の腹に産み付けるのだ。そして雄が卵を保護し続け、やがて体内で孵った赤ん坊たちを放出する。つまり男が子供を産むのだ。

多くの海生生物のように卵を産みっぱなしという無責任な事はしないため、種も繁栄しそうなものだが、彼等の個体数は急速に減少している。そのあまりに珍しい姿形のため、ペット業者やマニアが片っ端から捕まえてしまうのだ。ただ、漂うばかりの彼等は対抗しうる筈もなく、見かねたオーストラリア政府は保護動物に指定した。

このあまりに受け身でなすがままの生物は、かの国の行政規制を唯一の生存の拠り所として今も海中をはかなげに漂っている。

［ リーフィーシードラゴン ］

体長40センチ。タツノオトシゴの仲間。オーストラリア南部の沿岸だけに生息する。小エビなど小生物を捕らえて食べる。雄の孵化袋(ふかぶくろ)という部分に雌は卵を300個ほど産み付け、雄は8週間にわたって卵を抱き続ける。8月の繁殖シーズンにには雄は2度卵を孵す。英名はLeafy-Sea Dragon。

過剰かつデリケートな生態

体内の浮き袋は急激な水圧の変化に耐えられず、
嵐の後などは海藻と一緒に浜辺に打ち上げられることもあるという。
タツノオトシゴ類は現在乱獲の危機下にある。精力剤等の材料になるためである。

大空を舞うための翼に非ず

ツバサゴカイ

この物体Xばりの奇妙な生物は、無論宇宙から来たわけでなく、地球のゴカイの一種である。棲管《せいかん》と呼ばれる奇妙なUの字型の巣穴の中に潜み、自らもひん曲がった格好で暮らしている。

胴体中央部の3つの「ファン」をリズミカルに動かし、水と共に酸素と有機物を巣穴へ取り込む。そして流れてくる有機物を特製の加工袋で**ダンゴに加工**、それをまた口へ搬送するという、システマティックかつ七面倒な摂食行動をとる。自分自身が巣と一体化し、原料採取、食品加工、浄化装置の役を果たしているので外へ一歩も出る必要がない。Uの字はこういう生活の合理的な形態である。ひきこもり者もうらやむ、理想的な自己完結的生態といえる。

ならば彼らは一生この巣から出なくてもよさそうなものだが、繁殖期のある夜だけ、一斉にとり憑《つ》かれたように巣から這いだし、集結すると大勢で狂ったように身悶えしながら精子、卵を放出するというはじけた集団繁殖行動をとる。

内臓が裏返しになったような奇怪な形態といい、頭を千切られても10日で復活する驚異の再生力といい、ツバサというさわやかな語感とはほど遠い。しかも体全体から正体不明の**怪しい燐光《りんこう》**を発したりもするのだ。何故なのかは今もって解明されていない。ますますもってさわやかではない。

［ツバサゴカイ］

体長5〜20センチ。世界各地の浅海から汽水域、干潟の砂泥中に棲管と呼ばれる巣穴を作って暮らす。水中の有機物を団子状にしてエサとする。12〜4月の満潮時直後から生殖群泳を行う。日本の場合干潟に多く棲むが、干潟海岸自体が深刻な消滅の危機にある。

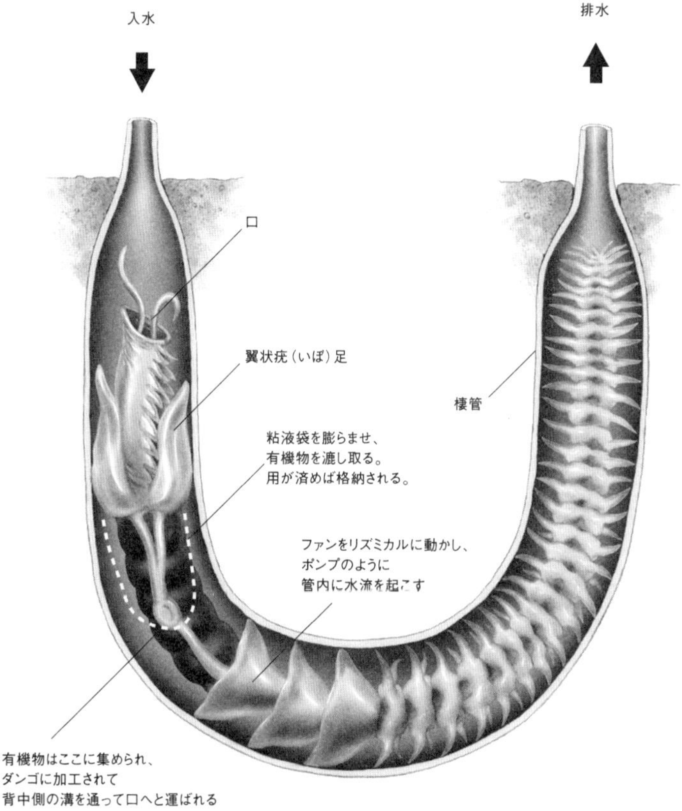
入水
排水
口
翼状疣（いぼ）足
棲管
粘液袋を膨らませ、
有機物を漉し取る。
用が済めば格納される。
ファンをリズミカルに動かし、
ポンプのように
管内に水流を起こす
有機物はここに集められ、
ダンゴに加工されて
背中側の溝を通って口へと運ばれる

煙突が2本立つ食品加工工場

粘液で裏打ちされた、羊皮紙なみに丈夫な巣と一体化、食物加工システムとして働く。

1回メシを抜けば死ぬ

トガリネズミ

地球上で最も貪欲な動物。それがこの体重10グラムに満たない**世界で最小の哺乳類**、トガリネズミである。

トガリネズミはとにかく食う。ひたすら食う。食うったら食う。やせの大食いどころではない。1日に自分の体重分も食うのだ。あまりに小さいため体熱の放射が激しく、エネルギーをまかなうために、常に食わなければならない。そのためにエサ探しに走り回る。そしてさらにまたエネルギーを消費…という具合に、つぶれかかった零細工場なみの自転車操業を繰り返している。いくら食っても食い足りないのだ。だから食うためだったら何でもする。相手が自分よりでかいミミズだろうがネズミだろうが、獲物とみなすとかまわず襲いかかる。危険も保身も関係なく、技とかテクニックといった洒落たものは何一つない。とにかく手当たり次第に襲いかかり、食いまくる。

食っても食っても食っても食っても肥えるなどということはなく、エサがなくなると**3時間で死亡**。生きるために食うというより、食うために生きているといったほうがいい。

［トガリネズミ］

トガリネズミの仲間は170種ほど。ほぼ世界中に分布しており、日本には5種類が棲んでいる。主食は昆虫など。基礎代謝が極めて高いため常にエサをとらなければならず、食事と睡眠を3時間おきに繰り返す。トガリネズミにとっては3時間が1日なのだ。

※実物大

昆虫並みの小ささ

ネズミと名付けられているが実際はモグラの仲間である。
山地、森林などに生息する。

巨大な海底の「盲獣」

ニチリンヒトデ

長辺1メートル、触手の数が24本にも及ぶ、太平洋で最も大きく、重いヒトデ。**ヒトデ界のティラノサウルス**と呼ばれる。こんなに巨大なら動きもさぞ緩慢かと思いきや、棘皮《きょくひ》動物界にあってはマッハに匹敵する毎分3メートルという超スピードで移動する。

自在に動く触手とビロードのような柔軟な表皮は、どんな障害物をも滑らかに通り抜けて進撃し、進路上にいるヒトデ、ナマコ、貝、ウニなどの小さき者たちをことごとく食い尽くしていく。

このニチリンヒトデが現れると、これらの哀れな棘皮動物たちはパニックを起こす。なにしろ天を覆うばかりの化け物が超高速で迫ってくるのだ。それぞれに独自の逃げ技を繰り出すが、そんな小細工など眼中になく、ニチリンヒトデは難なく獲物にのしかかると、呑み込むなどというまだるっこい真似もせず、自らの胃袋を外部に押しだし、ダイレクトに犠牲者を消化してしまう。

しかしこの天災のような襲撃も二次元上のものであり、ほんの5センチばかり上空へ泳ぎさえすれば難は逃れられるのだが、それができないところが棘皮動物の悲しさである。

ニチリンヒトデはほとんどすべてを触覚に頼っている。暗い海の底で、肉を求めて触覚だけを頼りに蠢《うごめ》くそれは、海底の「盲獣」ともいえるだろう。

［ ニチリンヒトデ ］

直径最大1メートルにも達し、管足は1万5千に及ぶ。あまりの大きさに干潮時に座礁する事もある。ウニ、ナマコ、貝などを貪欲に食う。無敵のようだが唯一の敵はタラバガニで、遭遇すると通常の4倍のスピードで逃げるか、もしくは脚を1本「自切」して相手に与えて逃げる。

巨大ヒトデの襲来

映画「ID4」の巨大円盤のような襲撃にエサとなる生物はさまざまな逃げ技を繰り出す。
アワビなどは捕まらないよう貝殻をよじり、トリガイは棒高跳びのようにジャンプ、
ナマコは猛ダッシュをかける。

お前さんがた、アシを切りなさるとでも・・

ザトウムシ

長い脚を杖のようにしてあたりを探る様子から座頭市ならぬ座頭虫と呼ばれる。座頭市は己をお天道様の下ァ歩けねえやくざ者というが、座頭虫ももっぱら夜に行動する。どう見てもクモだが、実はダニの仲間で、何が楽しいのか集団で幽霊のようにユラユラと揺れていることもあり、別名ユウレイグモとも呼ばれる。

この髪の毛のような脚に、触覚、聴覚、雄雌の認識などさまざまな感覚器官が集中している。そのためダニ類のくせに存外きれい好きで、この長い脚を刀の手入れのように口でゆっくりしごく「あしはみ」という掃除を行う。

この重力を無視したような細く長い脚を見ると、**ムズムズと切りたくなってくるのが人情だ**。捕まえてプツリとやる。切れた脚は律儀にまだ動くので、面白がってさらに切り、どんどん切り、ついにはイクラのような胴体だけが残るともう飽きてしまい、放り捨ててしまう。昔のガキどもはムシを見つければ、平気でこういう事をやっていた。それが子供の本能というものなのだ。

現代の子供たちは無論こんな真似はしない。忙しくてこんな虫けらにかまっている暇はないのだ。しかしその前に、町中でザトウムシを見かけること自体、もうほとんどなくなってしまった。

[ザトウムシ]

ザトウムシの種類は多く、世界に2000種を数える。日本のナミザトウムシは脚が180ミリあり、世界最大である。昆虫や蜘蛛なども捕らえて食べるが植物性のものも食べるので、森の掃除屋ともいわれる。敵に遭うと、トカゲの尻尾のように脚を切断して逃げることもある。また、集団で揺れるように動くのは、全体でひとつの大きな生物に見せかけ、捕食生物を欺くためと言われている。

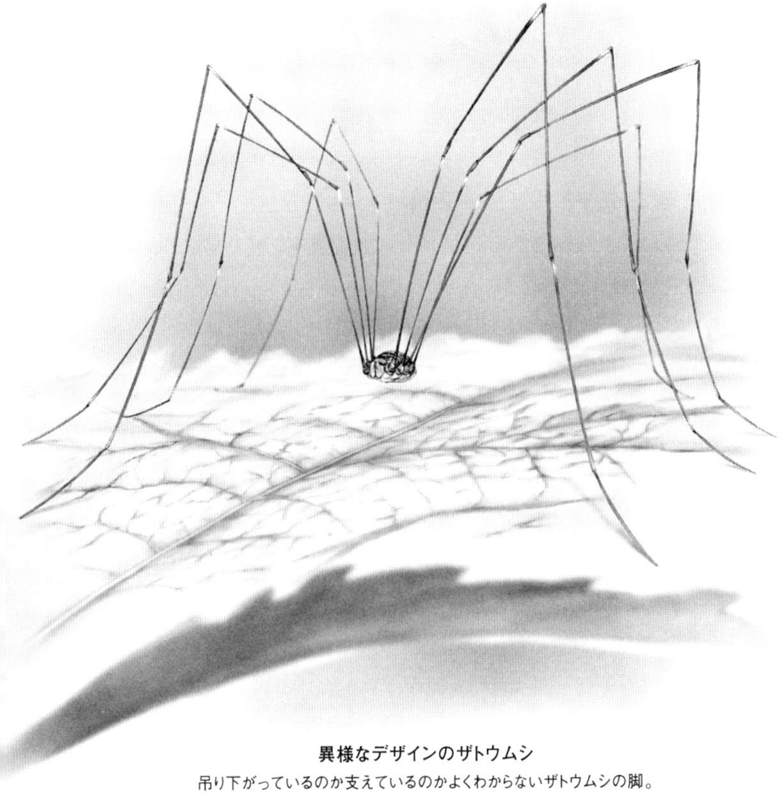

異様なデザインのザトウムシ

吊り下がっているのか支えているのかよくわからないザトウムシの脚。
この異様な姿形は、よくSFやアニメなどのキャラクターのイメージソースとなる。
「エヴァンゲリオン」でも明らかにこれをモチーフとする"使徒"が登場した。

私は貝になりたくない

ツメタガイ

まん丸の穴が空いた不思議な貝殻が砂浜に落ちていることがある。何だろうか？　子供のイタズラか？　ショぼいアクセサリーか？　はたまた**地味なキャトルミューティレーション**か…？

犯人はツメタガイである。貝のくせに貝を襲って喰い殺すという、貝は貝でも**凶悪な巻き貝**だ。

ただし貝だけあってその殺戮《さつりく》はじれったいほど緩慢である。

ツメタガイはいたいけな二枚貝に、死に神のマントのような膜を広げてゆっ……くり（本人としては全速力）襲いかかる。慌てた二枚貝はゆっ……くり（本人としては全速力）逃げるが、間に合わない。ツメタガイは相手を押さえつけ、荒っぽい金庫破りのように、酸とノコギリのような舌で数時間かけて（本人としては超高速）殻に穴を開ける。二枚貝はなすすべもなく、殻をうがたれる恐怖の掘削《くっさく》音を聞かされ続け、やがて空いた穴から、「ハサミ」付きの口が差し込まれると、その身をゆっ……くり刻まれ、溶かされ、すすられてしまう。悲鳴もないこの恐怖の惨劇はあまりにゆっ……くりなので、人間からすると、ただ**貝が仲良く並んでるようにしかみえない**。微速度の殺戮なのだ。

[ツメタガイ]

体長2〜3センチ。大きいもので10センチに達する。北海道以南の内湾の砂地に生息。昼間は砂に隠れ、夜間にエサの貝を探して行動する。ツメタガイの酸は貝殻の炭酸カルシウムを分解し、歯舌（しぜつ）と呼ばれるおろし金状の器官で殻を穿孔（せんこう）する。また、砂茶碗と呼ばれる不思議な形の卵塊を作る。

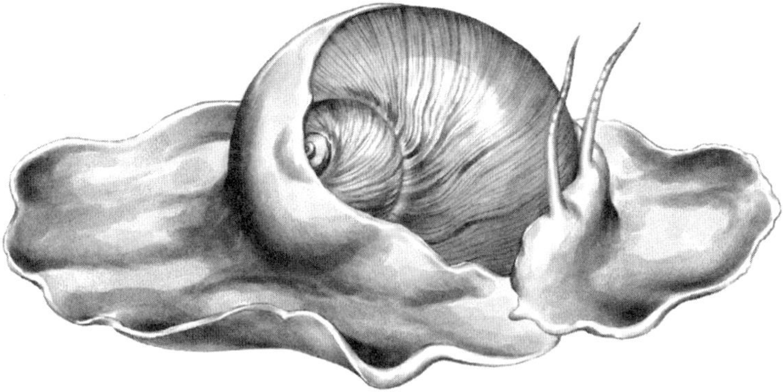

ツメタガイの外套膜

獲物を探すときはこの膜でスムースに移動する。
またこの膜で殻を覆うと対ヒトデ用のバリヤーとなる。
粘膜がヒトデの管足をはじき返すのだ。

二枚貝の犠牲者

歯舌（しぜつ）というのこぎり状の武器で穿孔され、円形の穴が空いている。
貝の中には水を噴射して逃れるものもいる。

2001年宇宙の鳥

ササゴイ

道具を使う動物というのは存在する。だがこのササゴイは木片などを「疑似餌《ぎじえ》」として使うという点で、他の動物より数段進歩しているともいえる。水面に投げた「エサ」に寄ってきた魚をクチバシで釣り上げるという、ルアー釣りをやるのだ。こんな生きものは他にいない。

ササゴイは、魚にエサをやってる人間からヒントを得て釣りを始めたといわれている。だが本当だろうか。それだけで「ウソのエサで魚をおびき寄せたらええやんか」という発想に自力で行き着くだろうか? そんな一足飛びの革新的進歩は、**「2001年」の石版**でもなければ無理ではなかろうか? そしてさらに、その思いつきを他のササゴイがどうして知ったのか? 口(バシ)コミで伝わったのか? ササゴイが「月刊へらぶな」とかを発行したのか?

海で芋を洗うことを覚えた猿の知恵が、不思議にも隔絶した他の群れに一斉に伝播した「101匹目の猿」という有名なエピソードがある。ササゴイの場合も、ある日ある時ある1羽にもたらされた飛躍的な進歩が、霊妙なるスペース·エナジーによって、他の仲間に一斉に伝わったのかもしれない。しかしこのような話は、マーとかモーとかいった疑似科学系雑誌上でしたほうがいいかもしれない。

[ササゴイ]

全長52センチ、世界の温帯地域に広く分布する。日本には夏鳥として渡来し、春から秋ごろまで過ごす。他に道具を使う鳥はエサの卵を石で割るエジプトハゲワシなどがいるが、「疑似餌」という高度な道具の使い方をするのはササゴイだけである。

釣りをするササゴイ

一度で失敗すれば何度もやり直し、釣れなければポイントを変え、
エサも変えたり加工したりする。人間の釣り師と全く同じである。

愛の回廊か、嫉妬の洞穴か

カイロウドウケツ

精巧な工芸品のようなこのかごは、海綿の一種である。その体内(胃腔《いこう》)には「ドウケツエビ」というエビのつがいが住み、その中で一生を添い遂げる。これが結婚式の決まり文句「偕老同穴《かいろうどうけつ》の契り」の所以《ゆえん》であり、縁起ものとして引き出ものにも贈られる。

エビにとってはこの「かご」は外敵の心配のない、最高のセキュリティである。幼生の頃に編み目から入り込み、成長すると**二度と出られないが**、そもそも出る必要がない。ここは誰にも邪魔されない愛のパラダイスなのだ。

英語でも「ビーナスの花かご」と呼ばれる美しく繊細な造形。そして夫婦和合の縁起をかつぎ、メリットなどないにもかかわらず、体内に小さき者たちを住まわせ、その愛の営みをそっと見守る優しさ。どれをとっても素晴らしい生物である。

しかし、カイロウドウケツの体内には、たまに何を間違えたか、3匹のエビが共生することもあるという。こうなると愛の巣は嫉妬の疑獄へと一変する。幾何学的でシュールな閉鎖空間で死ぬまで続く三角関係。人間だったら気が狂うかもしれない。美しい花かごの中が天国なのか地獄なのか、外からは窺い知れない。

［カイロウドウケツ］

直径1〜8センチ。長さ30〜80センチ。ガラス海綿類である。熱帯の深海に生息。珪素（けいそ）化合物が網状になった骨格を持っており、体表からプランクトンなどを濾過捕獲する。胃腔につがいのエビが棲むが、これは片利共生である。夫婦和合の縁起ものとしても知られる。偕老同穴の名は中国の「詩経」に由来するという。

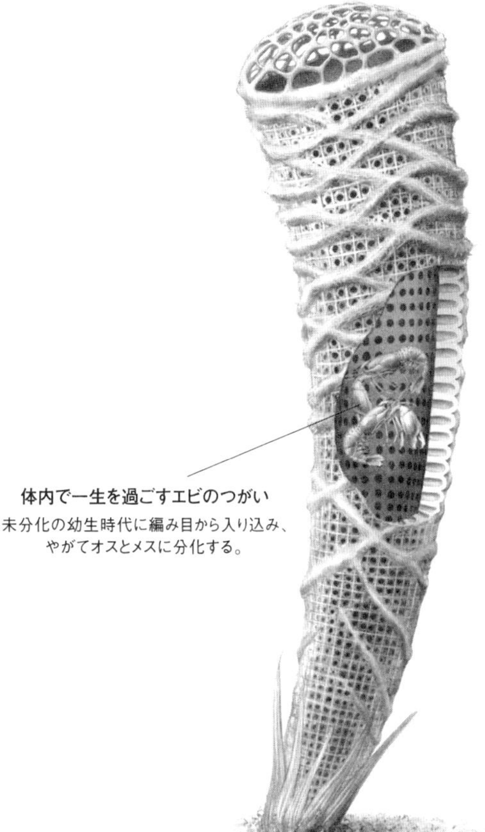
体内で一生を過ごすエビのつがい
未分化の幼生時代に編み目から入り込み、
やがてオスとメスに分化する。

根のような骨片を突き刺して立つ

カイロウドウケツの組成はグラスウールに似ており、
柔軟性のある次世代光ファイバーの研究材料として注目されている。

さては因果の玉スダレ

ツチボタル

広大無辺、悠久の銀河の輝きが頭上を圧するその壮麗さに人々は息を呑む。ここは、天然のイルミネーションで有名な観光地、ワイトモ洞窟。そして、かのバーナード・ショーに「世界で8番目の不思議」と言わせしめたその美観を演出するのは、星屑たちではなく、ツチボタルと呼ばれる昆虫だ。しかし彼等は美の奉職者でもなく、観光収入目当てに光る訳でもない。ここは幼虫たちの狩り場なのだ。

ツチボタルの幼虫は、粘液の玉が並ぶ「玉スダレ」を天井から吊り下げると、蛍のように発光する。飢えるほどに輝きを増すその光こそが、この星々の正体であり、邪知に長けた罠なのだ。

その輝きに魅せられた羽虫は、憑かれたように星の世界に飛んでゆく。だが、その魅惑の青い光は真っ赤な偽物、気が付くと羽虫は粘液糸で全身をからめ取られている。糸はもがくほどにその身を縛り、その震動を感知した幼虫は獲物をたぐり寄せ、身動きならぬ犠牲者に食らいつき、肉をかじり、体液をすするのだ。

だが、こうして獲物を食い、旺盛に生き続けた幼虫は、蛹《さなぎ》を経ると、消化器官はおろか口さえ持たない、交尾して卵さえ産めば用済みの、わずか3日で命を閉じる、はかない成虫へとなり果てる。

そして幼虫の罠にかかる獲物には、この哀れな**親虫**も含まれる。

未来の希望に胸膨らます新婚の2人が、潤んだ瞳で見上げるその洞窟の美しい輝きは、獲物を喰らい親を喰らい、果ては己が子に喰われて命を落としゆく、業深き生物の、因果の光なのだ。

[ツチボタル]

ヒカリキノコバエの幼虫。オーストラリア、ニュージーランドの洞窟に生息。双翅目（ハエ、アブ、カの仲間）キノコバエ科。卵は3週間ほどで孵化、幼虫は9ヶ月ほどで40ミリに達し、発光で獲物を誘い、粘液糸で捕らえ体液を吸う。蛹から13日ほどで成虫が羽化、すぐ交尾を始め、餌はとらず2〜3日で死ぬ。

かかった獲物を引き上げるツチボタル

1匹で70本もの「玉スダレ」を吊り下げる
獲物を誘う冷光はルシフェリンの酸化作用と言われ、空腹なほど光が強くなる。
成虫になるとすぐ始める交尾は、7時間に及ぶという。「蛍の光」のホタルとは全く別物。

書記官の公平な執務

ヘビクイワシ

耳に羽ペン、ニッカボッカの装いも粋な19世紀の書記を彷彿とさせるその姿から「書記官鳥」とも言われる。我勝ちに群れ騒ぐテレビタレントの如き他の鳥類共とは一線を画す、静かなる猛禽《もうきん》だ。

がさつな羽音をたて、せわしく飛び回るということもなく、悠然と闊歩してはサバンナの平原にヘビ狩りとしゃれ込む。その端正な顔立ちに、冷ややかな理知の眼差しをもって規則正しく歩を運ぶその様は、おおなるほど、書記官の名にふさわしい。

ヘビを見つけても、鼻息を荒くしたりなどはしない。牙を剥き、鎌首をもたげ威嚇するヘビを、ただ冷たい瞳で見下すだけだ。さぞスマートな狩りの手腕を見せてくれるであろうと思いきや、書記官はやにわにヘビを蹴る。猛り狂ったように蹴る。蹴って、蹴って、蹴りつける。その瞳静かなること湖の如し。だがその脚は、怨み骨髄とばかり、暴走した蒸気ハンマーの如くヘビを滅多打ちにする。

やがて書記官は、息絶えたヘビの尻尾をくわえると、江戸っ子が蕎麦をたぐるように、つるつると**小粋に**すすりあげてしまう。ヘビ毒も、この猛禽にとっては気の利いた薬味といったところであろう。

日頃からこの細長いヤクザな爬虫類に睨まれているネズミやトカゲなどの小動物たちは、夕陽に向かい、悠然と去りゆくこの偉大なる書記官様の後ろ姿に手を合わせているかもしれない。

だがこの書記官は、ネズミもトカゲも**平等に**襲って喰い殺すのだ。

広大なサバンナの平原、そこには恩義もへったくれもあった話ではない。まったくない。ないったらない。

［ ヘビクイワシ ］

全長140センチ。ワシタカ目。サハラ砂漠南部、アフリカ全域に生息。ヘビの他に爬虫類、小型哺乳類などを獲物にする。アカシアの木に巣を作り、8〜12月が繁殖期。1日最大24キロも歩くが、走ることもあり求愛時などは空を舞う。目下生息数は減少している。

次の瞬間狂気の攻撃が始まる

ヘビからすれば巨人の棍棒で滅多打ちに遭うようなものでひとたまりもない。
攻撃の瞬間は、敵の攪乱とバランス維持のため羽を半分ほど開く。
ヘビを空から落とすこともあるという。

血の気を失う最終兵器

ツノトカゲ

シージーなどという小賢しいものもなく、恐竜といえばミニチュアか本物のトカゲを撮影するしかなかった時代に、全身にトゲ、頭にはスティラコサウルスのようなツノも生やしたツノトカゲが銀幕をのし歩いていたら、案外ゴジラに続く人気怪獣になれたかもしれない。

だが実際のツノトカゲは保護色に身を包み、ひたすら目立たぬよう這いつくばって暮らすうち、いつしか体も草加せんべい並みにぺったんことなった、米国の砂漠に棲む穏和なトカゲである。手の平サイズで動作も緩慢《かんまん》、獰猛さは微塵も持ち合わせていない。

しかし、この平和的生物は強力な最終兵器を持っている。追いつめられると、あろうことか**目から血を発射**して敵を威嚇するのだ。貧血も辞さない、捨て身かつ**突拍子もない**この反撃は、人間さえも茫然自失とさせ、飢えたコヨーテも尻尾を巻いて退散する。

この最終兵器にもかかわらず、ツノトカゲは急速に減少している。ゴルフ場、店舗、そして主としてオーナーの脳に快楽アドレナリンを分泌させるため設計されたオフロード車が彼らとその生息地を轢《ひ》きつぶし、ペット業者には「ミニ恐竜」として売られ、その多くがマニアの水槽という監獄で衰弱死したのだ。1930年代にカリフォルニアで世界に先駆け制定された「ツノトカゲ保護法」なる環境法も個体数減少に歯止めはかけられていない。このおとなしいトカゲは当然何も語らぬが、心の内では血の涙を流しているかもしれない。

[ツノトカゲ]

全長12センチほど。北米南西部からパナマにかけての乾燥した砂漠地帯に棲む。蟻など小昆虫を捕らえて食べる。3年で成体となり、交尾期は4月下旬、7〜8月に15個ほどの卵を産む。動作は緩慢。周囲に合わせ体色を変化させられる。環境変化に非常にデリケート。

出血大サービス・最終兵器の披露

ビーム砲のごとく血液を噴射。射程距離は1メートル。
発射後は角膜がきれいになるのをじっと待つ。

マグロと漁師の心をえぐる

ダルマザメ

水揚げしたマグロの体の一部が、スプーンですくったようにきれいにえぐられている奇妙な現象は、長年学者や漁師を悩ませてきた。バクテリアや寄生虫の仕業と考えられていたが、近年になってこの商品を傷モノにする真犯人が特定された。ダルマザメである。

この体長50センチほどの小型のサメは、怖いもの知らずなのか特攻精神旺盛なのか、自分よりはるかに巨大なマグロ、クジラ、**原子力潜水艦**などに果敢に突撃する。しかし彼らはこれらの巨大な獲物に対し、無謀な直情的攻撃を仕掛けているわけではない。ここに考あり我に策あり。サメにはサメなりの秘策があるのだ。

ダルマザメは腹部にカモフラージュ用発光器を持つ。発光器を光らせるとその姿は明るい海面に溶け込み、かき消えてしまうが、体の光らない箇所だけは、あたかも小魚のシルエットのように海中を踊る。ダルマザメはその「小魚」を狙い浮上してくる大型魚を狙い猛スピードで突進、吸盤状の唇で獲物に吸着して体をひねり、剃刀のような歯で肉をバターのようにすくいとる。直情的な突撃どころか周到な計画である。獲物の傷口は非常に滑らかで、欧米の漁業関係者は腹を立てつつも感心し、彼らを「クッキー型抜きザメ《COOKIE CUTTER SHARK》」と命名した。

かようにこのサメは、マグロにも漁業関係者にもまことに厄介な存在だが、しかし彼らが喰うのは獲物のごく一部。自分の体を小型化し餌の量を制限、獲物を殺さぬことで資源の再利用をはかっているのではないかと考えられている。この異星人のような顔つきのサメは、地球人の未だ達成しえない循環型社会を達成しているのだ。

[ダルマザメ]

体長50センチほど。軟骨魚綱ツノザメ目。東大西洋の温暖水域、太平洋に分布。吸盤状唇で獲物に吸い付き、舌をひっこめる事で更に吸着、針状の上顎歯と剃刀状の下顎の歯で、マグロやクジラなどの肉をこそぎとり、クレーター状の傷跡を残す。腹部に発光器を持つ。胎生。

緑の瞳孔をもつ異星人的風貌

食物への執着は強いらしく、甲板に引き上げられたダルマザメが
そばに置いてあったイカにがぶりと食いついたこともあったという。

頭ブタないで

ツチブタ

十五夜お月さん見てウサギが跳ねる刻限、このウサギのようなブタのような動物は、恐る恐る地中の巣穴から這いだし、その巨大な耳であたりを警戒しつつ、ビクビクしながら付近を徘徊し始める。

アフリカ大陸きっての小心者で、敵に遭っても戦いなど望めもしない。そもそも蟻や白蟻を舐め取るだけの顎は、癒合してしまって開きもしない。不審な音でもしようものなら、不安のあまり立ち上がり、突如ジェットモグラと化して穴を掘り始め、地中深く隠れてしまう。ものの数分で3メートルもの深さを掘り抜く掘削能力を持ち、しかもそんなどでかい穴を毎晩4つも5つも掘るのでアフリカの大地は穴だらけだ。

しかし虚弱というわけではない。そのレーダー耳で**白蟻の足音を聞き分け**、白蟻塚内を探索すると、ツルハシも歯が立たぬその強固なバベルの塔をいとも簡単に破壊する。そして白蟻を舐め取っては河岸を替え、別の白蟻塚でまた舐め取るという、「白蟻塚のはしご」を毎晩やる。満腹になると白蟻の攻撃も気にせず寝たりする。そしてかすかな物音に仰天しては穴を掘りまくる。これを飽きずに繰り返す。

他の動物に気前よく進呈するほどトンネルをたくさん掘りまくり、白蟻城もぶち壊す。こんな力を持っているにもかかわらず、ツチブタは頭骨が非常に弱く、はたかれた程度のことで簡単に死んでしまう。大阪名物ハリセンチョップなどもってのほかだ。驚いた時など、脱兎の如く駆け出し、慌てた挙げ句、木に激突することもあるという。その場合ツチブタは地中ではなく、天国に行ってしまうのである。

[ツチブタ]

体長1.2〜1.6メートル。原始的な歯をもつ管歯目はこの1種だけで占められる。アフリカのサハラ砂漠以南の森林、草原に棲む。長い舌でアリやシロアリを舐め取る。警戒心が強く、素早く地中に穴を掘り、身を隠す。ツチブタの巣穴はニシキヘビ、ワニ、ヤマアラシ、イボイノシシなども利用する。

爆発的スピードで穴を掘るツチブタ

行動範囲は5キロメートルほど。一晩に30もの白蟻の巣の「はしご」をやり、5万匹の白蟻をたいらげた記録も。
肉がうまいので狙われやすい。敵はライオン、リカオン、そしてヒトなど。

いきもの夫婦善哉《めおとぜんざい》❶

二人のため魚類はあるの

タイノエ

♪タイ　あなたと ふったり　♪サバ　あなたと ふったり…

魚の寄生虫などというものは、腸だの鰓《えら》だのという隠れた部分に、ひと目をはばかりつつ遠慮がちに住み着くのが普通である。だが、大胆にも不敵にも、**口の中**に堂々と愛の巣を構えてしまうというくそ度胸をもった寄生虫がいる。それがこのタイノエの夫婦だ。

意表をついたこの住みかは、実は安全で合理的である。タイノエのメスは鯛などの魚の口蓋《こうがい》のど真ん中に堂々と妻の座を占め、亭主はというと天井に体をはりつかせ、夫婦で天地背中合わせの生活を送る。かといってすれちがい夫婦というわけではなく、狭いながらも楽しい我が家、海の中だけど水入らず、二人仲良く鯛の体液すすりつつ、妻は夫を慕いつつ夫は妻をいたわりつ、海水はしょっぱいけど新婚生活は甘いのねン、てなことを言っていると、いつしか妻は卵を身籠もりやがて出産、優しき母となりて子供たちが幼体になるまで大切に愛育する。魚にとっては悪逆非道の因業夫婦である。

しかし、このタイノエは別名「鯛之福玉《たいのふくだま》」とも呼ばれ、大変縁起の良いものとされている。結婚披露宴では、大抵鯛のお頭つきが振る舞われる事になっており、それだけでも二人の目出度い門出を祝うに充分ふさわしいものだが、そんな鯛の口からこんな縁起の良い福玉が這い出てきた日には、まこと吉事にて大慶の至り、目出たきことこのうえもないが、花嫁は**失禁**することだろう。

［ タイノエ ］

体長、雌は20〜50ミリ。雄は10〜20ミリ。節足動物門甲殻綱等脚目。魚類の口腔などに寄生し、その体液を吸う。宿主の魚は発育阻害などのダメージを被る。分布ははっきりしないが、南日本の魚に多く見られる。先に寄生した個体が雌に性転換すると考えられている。

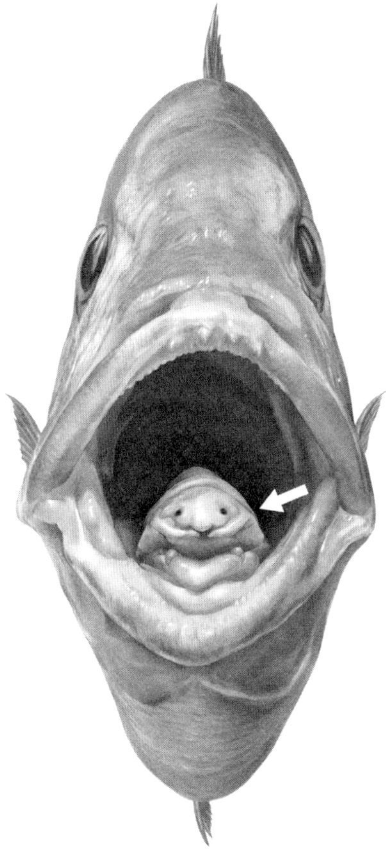

魚の口からこんにちは

鋭い爪でしがみつき、魚の体液をすする。
釣り人が針にタイノエをひっかけてしまう事があり、そうなると夫婦泣き別れである。

いきもの夫婦善哉❷

期間限定の愛、そして命

ウミテング

古き山に棲む天狗。その神とも妖怪ともしれぬ異形の存在は、実は仏法守護の山神であり、昔から人々に敬われ、また恐れられてきた。

しかし、不格好な骨板に身を包み、俊敏に泳ぐことも出来ず海底をのろのろと這い回っては他の魚類のいい笑いものになっているこの海の天狗には、逆立ちしても畏敬《いけい》の念は抱けない。

日本近海で見られるウミテングは稚魚の頃、フィリピンから北上する黒潮に安寿《あんじゅ》と厨子王《ずしおう》の如くさらわれ、この見知らぬ異国に流されてきてしまった熱帯魚、いわば異邦人だ。異国故の心細さか、夫婦片時も離れず、底生生物などつつきつつ、海底でひっそりと、つましく暮らしている。熱帯の華やかさとはほど遠い、地味な暮らしではあるが、それはささやかなれど夫婦の幸福の図といえるかもしれない。

しかし幸福は長くは続かない。ひと夏が過ぎ、冬が到来すると、低水温への耐性のない**「死滅回遊魚」**という陰気な名称で分類されるこれらの熱帯魚は、理不尽なニッポンの冬の寒さを嘆く暇もなく、ことごとく息絶える。故郷ならその寿命を全うしたかもしれぬ彼らは、異国の冷たい海でその愛と命を終えるのだ。そして彼らを運んできた黒潮は、この奇妙な夫婦の亡骸を再び遠い海へと運んでゆく…。

叙情性に重きをおくならここで筆をおくべきだろう。だが、こういった魚の死骸は、遠い海にゆく前に、腐食性動物のカニさんなどに目ざとく見つかり、ついばまれてしまうであろうというあられもない事実を、自然科学系を標榜する本書としては、最後に付記せねばなるまい。

[ウミテング]

体長10センチほど。インド洋、太平洋の暖海に分布、沿岸海域の砂底域に棲む。トゲウオ目、ヨウジウオ目の近縁と考えられている。雑食性で、微小な甲殻類、ゴカイ類など底生動物を食べる。初夏から晩秋にかけて本州中部より南でも見られる。鉤状の足で海底を這い、光を嫌う。

つかず離れずのウミテングの夫婦

ひと夏の間に産卵するが、稚魚も低水温に耐性はなく、新天地にたどり着く確率は少ないと思われる。
サカナであろうとヒトであろうと、外国からの流入者には我が国は冷たいのだ。

いきもの夫婦善哉❸

緑の森の赤い疑惑

セアカサラマンダー

セアカサラマンダーの夫婦、サラ夫とマン子の会話。

「遅かったのね」「ああ」「またあの**メス**と会ってたのね」「メスなんて言い方よせよ」「そんなにいいの。あのメス。あたしより」「会ってないったら。いい加減にしないか」「妻のマン子にはもう飽きたってわけ」「品のないジョークみたいにも聞こえるね」「よそのメスの**フェロモン分子**をぷんぷん匂わせて帰ってくるあなたも充分品がないのじゃなくって」「愛してるのは君だけさ。わかってるだろう」「そう…あなたは尻尾を激しく振るわせ求愛してくれた…あたしの背中を甘噛みしてその気にさせてくれた……あたしはあなたのたくましい尻尾にアゴをのせ、ひとつになって森を歩き、鳥や雲に愛の示威行動を見せつけたわ…カエルやオケラが眩しそうにあたしたちを見つめていたっけ…でも、愛は、愛はもう終わりなのよ」「話はそれだけかい。僕はもう寝るよ」「あなたって何て冷血動物なの!」「そりゃ君、**両生類**だからね。ハハ。ハハハ。ハハハハハハハ」「…死んでよ」「ハハ….ハ?」「….あなたを殺して、私も死ぬの」「オイ、ちょ、ちょっと待ち…」**「ガブッ!!」**「ギャ—ッ!!」「ガブッ!!」「ヒーッ!!」「ガブッ!!」「No—ッ!!」「ギェ—ッ!!」「キャ ——— ッ!!」……

セアカサラマンダーは、極めて珍しい「一夫一婦制」の両生類だが、雌はよその雌とつがった「浮気夫」の雄に対し、殴る、噛むなどの激しい攻撃をくわえることが、最近の研究で明らかになった。雌のこのような行動にどのような意味があるのか、動物行動学者は研究を進めているというが、真相は上記の会話の如くであろう。

[セアカサラマンダー]

全長12センチほど。森林地帯の両生類。アメリカ東北部、落葉性の森林に生息。昆虫など無脊椎動物を餌にする。ナワバリを持ち、食料を確保する。秋に交尾、雌は2年に1度産卵、幼生が孵化するまで卵を守る。寿命は最高10年。農薬などの影響で個体数が減少している。

逢瀬の後に待ち受けるDV

秋から春にかけて、雄は雌を鼻でつつき、尾を振るわせて雌に求愛。
雌は雄の尾にアゴを乗せ、2匹くっついて「愛のがに股歩き」をするが、しかしその後はこの有様。

土星探査熱に輪をかけて

メタンアイスワーム

「燃える氷」と呼ばれるメタンハイドレート。低温と強大な水圧により水とメタン分子が結合した氷状の物質で、石油・石炭に変わる、未来のエネルギー資源としても有望視されている。

1997年、潜水艇でメキシコ湾のメタンハイドレート鉱床《こうしょう》調査を行ったアメリカの科学者チームは、生物の存在など想定外のこの暗黒・低温・高水圧の深海で、**ピンクのゲジゲジ**を発見した。このゲジゲジ状生物は強圧にも、凍るような低温海水にもめげるどころか、メタンの氷山に巣穴を掘り、その表面を楽しげに泳ぎ群れていた。

折しもこの年、土星探査機「カッシーニ」の打ち上げが行われたことからこの発見は話題となり、鉱床調査そっちのけで、氷とメタンの衛星・タイタンの生命存在の可能性についての議論が沸騰、さらにはお調子者のSFマニアがこの生物に「アイス・ボーグ」なる名前をつけるにあたっては、科学者たちも憮然《ぶぜん》とせざるを得なかった。

研究の結果、彼らはメタンをエネルギー源とするバクテリア類を餌にして、不毛の深海に生きていることがわかった。彼らには極寒のメタン鉱床は肥沃《ひよく》な大地であり、ヒトにとって彼らは「資源表示器」なのだ。

メタンハイドレートは資源として期待が寄せられているが、当然ながら人間が線引きした経済水域なるものとは無関係に海底に眠っている。だが共同開発などは理想論、コッカと称する霊長類ヒトの集団同士が取り分を争い、原始の時代から連綿と続くテリトリー争いを今後も続けて睨み合ううちは、資源開発もままならず、この生物も安泰である。彼らが生存の危機を感じるのは、遠い未来だろう。

[メタンアイスワーム]

体長5センチほど。環形動物門多毛綱。1997年に米国の科学者チームが、メキシコ湾の水深550メートルの深海で発見。メタンの氷に群れで巣穴を掘って暮らす。オールのような足で遊泳し、メタンを餌にするバクテリアを食料としていると考えられている。詳しい生態は不明。

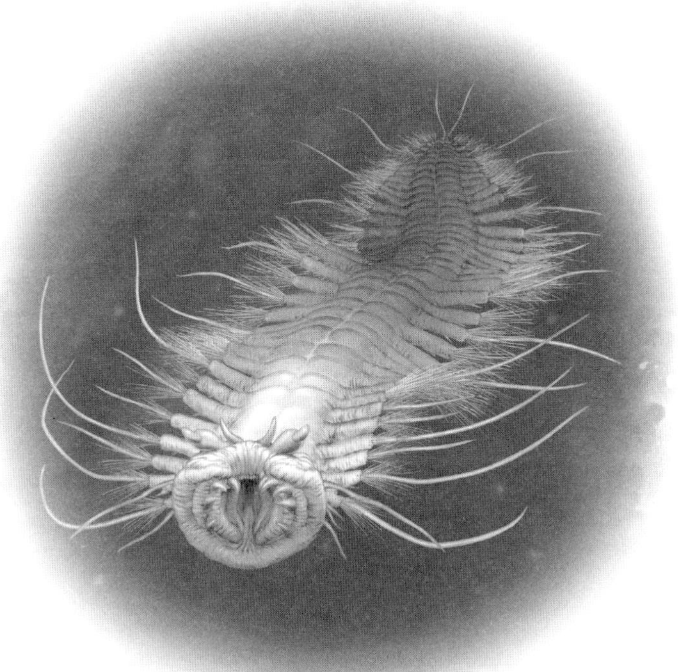

オールのような足で泳ぎ回る

氷山に無数の穴をうがち、蜂の巣状の巣を作り群れで暮らす。氷が彼らの家なのだ。
新陳代謝が非常に遅いと考えられている。

心の影に潜む毒蜘蛛

ヒヨケムシ

イラク戦争終結後、現地の米兵から送られた巨大なクモの画像とそれにまつわる噂は、ネットを通じ瞬く間に全米に広がった。

イラクの巨大グモは、兵隊が寝ている間に麻酔を注射して、肉をかじりとるそうだ。勿論猛毒さ。2メートルもジャンプして、子供の悲鳴みたいな叫び声をあげて襲いかかるらしい。もう何人もやられてるんだ。そしてこいつは潜伏するフセインが操っているらしい…。

無論、すべて出鱈目《でたらめ》である。そもそもこの生物はクモでなく、「ヒヨケムシ」という、クモに近縁の生物だ。名前こそ幸薄そうだが、非常に機敏で尚かつ凶暴、周囲の振動を敏感に感知し、鳥やトカゲ、鼠《ねずみ》などを捕らえて体の3分の1もある鋏角《きょうかく》ではさみつぶし、消化酵素で肉を溶かしてすすり食らう攻撃性の強い生物だ。しかし普段は砂漠の穴や石の下で暮らしており、絶叫し人間を襲うなどはありえない。こんな都市伝説《フォークロア》が兵士らの間に流布したのは何故だろうか。

炎で炭化した一家、手足がちぎれ飛んだ子供の遺体、泣き叫ぶ母親…。米軍が侵攻したバグダッドで遭遇した、生き地獄のような光景に兵士たちが感じた罪悪感も一因であったかもしれない。しかしそれより何より、自分もいつ敵に寝首を掻かれるかもしれないという恐怖が、このような噂を生んだ源であったろう事は想像に難くない。

2005年10月の時点で米兵の死者は2000人を超え、米軍はすでに「SWARD」なる無人ロボット兵器をイラクに投入することを決定している。戦争はまだ終わっていないのだ。

［ヒヨケムシ］

全長13センチほど。節足動物門クモ形綱。亜熱帯地方の乾燥した土地に穴を掘って棲む。酵素を分泌して獲物を体外消化する。腹の感覚器官で獲物の震動を感知すると言われる。単独で行動。雨期の終わりに交尾、20〜200個の卵を産む。性格は攻撃的。寿命は約12ヶ月。

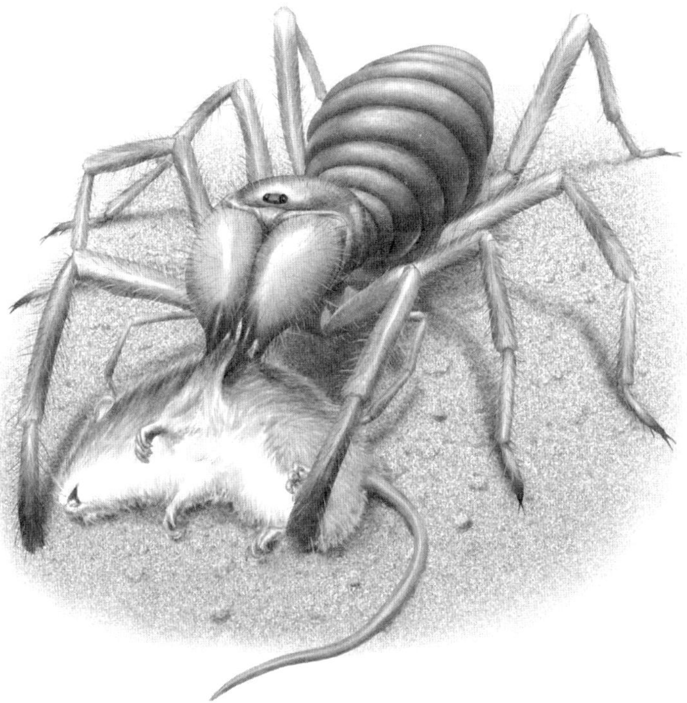

メキシコで「鹿殺し」とも呼ばれるヒヨケムシ

装甲車を追いかけ、ラクダに飛びつき胃に卵を産む、などというウワサも飛び交った。
鳥、トカゲ、齧歯類(げっしるい)などをも餌にする狩猟者であるが、無論そんな真似はしない。

変異する死に神

フィエステリア

1995年、米国のヌース川で100万匹もの魚が大量死、川面は死骸で埋まった。藻類研究専門の女性科学者、J・バークホルダー博士は、州のイメージダウンを恐れる行政側を退け、原因は工業廃水等による汚染で爆発的に増殖した渦鞭毛藻類《うずべんもうそうるい》「フィエステリア」なる有毒微生物だと発表した。状況に応じ、休眠形態、遊泳形態、食餌形態、また外敵攻撃用アメーバ形態など、まるで別の生物のような全く異なる**24もの活動形態に変異**、神経毒を放出して魚類を食い殺す。霧状《エアゾール》化して人体に入れば、神経障害なども起こすというこの変幻自在の単細胞微生物を、マスコミは「地獄の細胞《The cell from Hell》」と呼んだ。

だが脚光を浴びたこの発表に、懐疑論者は「変異する渦鞭毛藻類などSF」だと反論、支持派と批判派は対立した。

こういった「純粋な科学的議論」には往々にして不純物（名声への嫉妬、研究費獲得の策謀、企業・行政の思惑等々）が混入しがちであり、さらに専門性の壁が事実を不透明にする。事なかれ主義の官僚組織や、行政お雇いの御用学者との泥仕合に博士は否応なく巻き込まれ、そしていつの世でも、真理の探求者が迫害を受く例に漏れず、この論争でも博士は一転して詐欺師呼ばわりさえされた。

しかし彼女は誹謗中傷を霞のごとく無視、黙々と研究を続け、2005年2月、ついにこの渦鞭毛藻類の有毒性を証明する最終実験報告が米国科学アカデミー会報に掲載された。この女性科学者の敵は当然ながらこの不気味な微生物だったが、同時に、この微生物以上に不気味な振る舞いを見せる官僚組織でもあった。彼女は独力でそれにうち勝ったのである。

［ フィエステリア ］

1992年に発見された、単細胞微生物の一種で、有毒性の渦鞭毛藻類。致死性の毒素で魚類を捕食する。状況に応じて様々な形態に変異。魚がいなくなるとシスト（嚢子）状態で休眠、その間は光合成でエネルギーを得る。条件が整うと爆発的に増殖する。

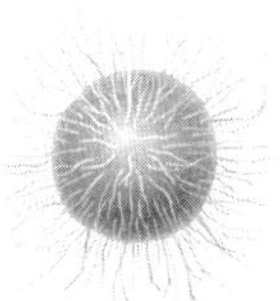

休眠形態に変異
泥の中に眠っているが
魚の存在を感知すると遊泳形態に変身。

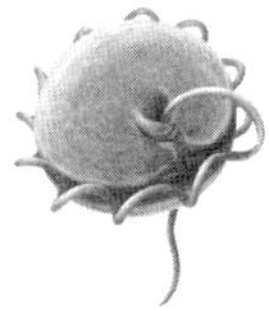

遊泳形態に変異
魚に近づき、毒素を放出、
麻痺させて皮膚を破壊。

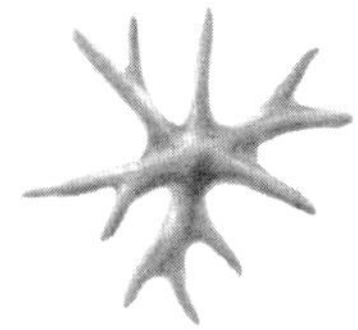

アメーバ形態に変異
突起を生やし巨大化、
天敵の繊毛虫を攻撃する。

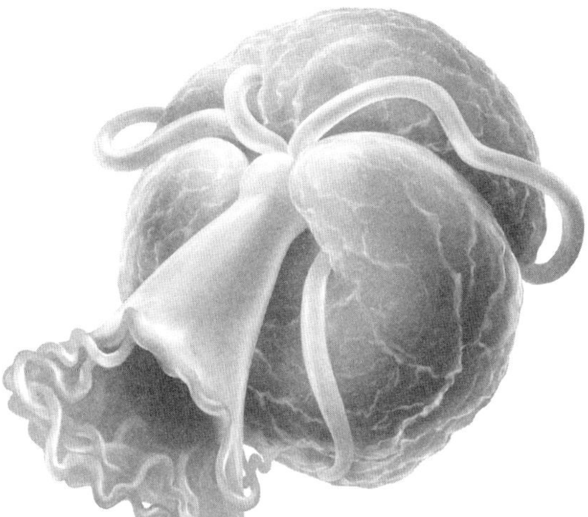

食餌形態に変異
擬口柄(ぎこうへい)と呼ばれる器官を伸ばし、魚の肉を喰らう。
この生物に汚染された河では蟹が狂ったように杭に這い登り、魚は「死のダンス」を踊るという。

矢も楯もたまらず飛んでくる槍

ダツ

まるで槍《やり》のような姿の魚だが、姿だけでなく本当に槍そのものであり、海面から飛んできて**人間に突き刺さる。**

ダツは魚の鱗《うろこ》の反射光に反応、キビナゴなどの群れに突進して獲物を突き刺す捕食魚である。その習性のためか、光に対する反応は過敏かつ過激で、昼間は無害なれど、夜間になると空気中であることなど意に介さず、光と見れば矢も楯もたまらず突進してくる。

漁船の電灯漁、ナイトダイビングなどでは、突然この長ドスがライトに向かって突っ込んでくることがある。夜の波間に抜き身一閃、たちまち悲鳴があがり、あたりは鮮血に染まる。潜水スーツも貫く威力、慮外《りょがい》の夜襲、闇夜の不意打ちとあっては、素人にかわせるはずもない。ダイバー、漁師などにも刺傷例は多く、胸に刺されればその傷は肺まで達し、死亡例もある。

たちの悪い事に、この魚は刺さったあとに体をひねるので傷は深くなる事が多い。眼球に刺されば失明、首筋に刺されば出血多量死するという「刺毒害魚」である。傷口に刺さったダツは、うかつに引き抜くと大出血を起こす可能性もある。被害者を病院に運ぶ場合は、ダツは抜かずに**刺さったままで、**というのが原則である。

［ ダツ ］

全長最大で100センチ。ダツ目ダツ科。太平洋岸の水域、日本では沖縄近海に多く見られる。鋭い歯と長く伸張した顎をもち、外海の水面近くを群れで遊泳する。日本近海には6種類。小魚、エビなどを常食にする。夏に沿岸の藻場で産卵。英名はニードル・フィッシュ。

夜の海はダツに気をつけよう

漁、ナイトダイビング、麻薬密輸など、夜の海でお仕事をされる方はくれぐれもお気をつけいただきたい。
ライトや光るものを海面に向けないことが肝要だ。

骨なしの悪魔
キロネックス

オーストラリア北部の海岸に現れる、地球で最も危険な生物とも言われるキロネックスに刺されれば四の五の言う暇もなく、呼吸困難、意識混濁の後、心停止に至り、**5分で死亡**する。その際のあまりの激痛に**発狂**する者さえいるという。助かったとしても刺し傷には紅斑・みみず腫れが残り、痛みは何週間も続き、これまでの死者は100人以上に達するという。オーストラリア政府はネットで海岸を封鎖、警告の標識を出したが、魚のように機敏に泳ぎ回り、触手の先にある無数の「刺細胞《しさいぼう》」という発射ユニットから、極微の毒針を自動発射するこの猛毒クラゲはもはや防げぬようにも思われた。

だが防御法は、あった。**パンストである。**このクラゲの毒針、「刺胞糸《しほうし》」は、何故だか、どういうわけだか、パンティストッキングは通過しないのだ。そのためオーストラリアのライフガードは全員パンスト着用である。人質縛り、絞殺の道具、頭に被った強盗が、先っぽちょろりのコンドーム姿で銀行員を脅す等、犯罪ドラマなどではろくでもない使われ方をされるパンストだが、有効な使い方もあったのだ。

そして人類には強い味方がいる。この猛毒生物をものともせず平らげるアカウミガメだ。脳も中枢神経もないくせにキロネックスの眼だけが発達しているのは、アカウミガメを警戒するためでもあるという。だが、ご存じのように、ウミガメ類はビニールやレジ袋などをクラゲと誤認して呑み込み、内臓に詰まらせその多くが死亡している。キロネックスに眼のほかに口があれば、ニヤリと笑っていることだろう。

[キロネックス]

刺胞動物門箱虫綱。北オーストラリアの西部海岸などに現れる、触手2メートル、重さ最高6キロにも達する、立方クラゲの中の最大種。機敏に泳ぐ。何億個もの刺細胞を持つ。小エビ、魚などを捕らえて食べる。強力な神経毒を持つ理由は摂食環境と関わりがあるものと考えられている。

待ったなしの死をもたらす浮遊する悪魔

メメクラゲに刺され、イシャを探してさまよってもあるのは目医者ばかり・・・
という状況も嫌なものだが、キロネックスに刺されればさまよう時間すらない。

尼マニアもこれはちょっと

サケビクニン

この魚のわけのわからない名前は、その頭部が坊主頭に見えることから、尼さん、つまり「比丘尼《びくに》」に由来しているのだという。

と、簡単に書いたが、この「由来」なるものは何だかずいぶん強引だ。頭が坊主というなら素直に「ボウズウオ」などと言っていればいいものを、何故わざわざ尼をもってくるのか、どうにも合点がいかない。

人魚の肉を食べ不老となり、世を憚《はばか》って出家した娘が、八百歳まで生きたという「八百比丘尼《やおびくに》伝説」というものがある。ひょっとしたらここでいう「人魚」がこの魚ではなかろうか？ などと逆説の歴史ファンタジー風に想像を逞《たくま》しゅうしても、この魚は分厚いゼリー物質で全身を覆われ、包丁も歯が立たず、食えたものではないという。

甲殻類食いたさに、そのヒレを手だかヒゲだかもわからぬ不気味な触手へと進化させ、あまつさえその先に味覚器官まで装備するほど、生への執着丸出しなこの魚は、執着から己を断ち切り出家する尼僧の志とは100光年も遠い存在だ。虚ろな目つきで水底をまさぐりつつ、冷たく仄《ほの》暗い海の底を、赤く燃える人魂《ひとだま》のようにうつろうその姿は、逆立ちしても尼とは重ならず、「頭がつるつる」という理由だけでこんな魚を比丘尼とは世の尼僧に対して失礼ではあるまいか。

いや、それより何より、こんな尼さんがいたらとってもイヤである。愛と人生に悩み、意を決して尼寺を訪ねたら**こんなの**が出てきて、「人と人のつながりは糸の結び目のごとし」などという法話を拝聴させられた日には、煩悩《ぼんのう》は益々深まってしまいそうである。

［ サケビクニン ］

体長40センチほど。クサウオ科コンニャクウオ属。オホーツク海、北日本の太平洋岸に分布。鱗はなく、全身をゼリー状の物質で覆われている。「鰭条（きじょう）」と呼ばれる胸びれが変化した器官は、先端に味蕾を備え、海底の甲殻類を探して捕食する。4月に産卵し、仔魚は7月に孵化する。

虚無的な表情がチャームポイント
味覚器官をもつ「ヒゲ」で海底の甲殻類を探し回る。
タコ漁で多量に混獲されることがある。

し、知り申さぬ！

こんな尼さんと会ったら泣く

kuda-kurage

(株)深海浮遊事業KK

クダクラゲ

地球で一番長大な生物はクジラでもヘビでもない。クラゲである。

クラゲは成長の過程で無性生殖、つまり分裂して増える期間がある。分裂したクラゲの個体は母体とおさらばするのが普通だが、クダクラゲの場合、それぞれの個体は融合してしまう。そして分裂と融合を繰り返し、電車ごっこのように際限なくつながってゆくとついには**体長40メートル**もの巨大クラゲに成長する。さらにクラゲたちは、遊泳、消化、浮力調整、生殖など各々が**機能別に変身**を遂げ、それぞれの器官としての役割を果たす。つまり集団でありながら**1匹の生物として振る舞う**群体生物と化すのだ。

消化器やら浮き袋として過ごす人生というのも想像がつかぬが、機能が部門ごとに分かれ、各々が協力し全体のために働くという構造は、これすなわち会社である。だが、業務命令で不満な部署に配置された各個体はそのうちクダ巻き始めたりはしないのだろうか。生殖っていいいな。俺っちなんか必死こいて遊泳よ。ほらボクって消化とか苦手な人じゃないですカー。浮き沈みはもう勘弁してよ…。

しかし不平をこぼしつつも居続けてしまうのが会社である。クダクラゲの棲むこの深海の層には、およそ1000万種ともいわれる生物の多様性があるともいわれ、クラゲの動物相だけでも未知のものが多数いるという。競合他社もたくさんある中では衆を頼みにひたすら長くなり、体面積を広げて餌に当たる可能性を高めた方が有利なのである。だが苦労して長くなっても魚などに齧《かじ》られれば簡単にバラバラになる。クラゲだけに経営の浮き沈みは激しいのだ。

[クダクラゲ]

管クラゲ目に属するクラゲの総称。中・深海層に生息。モントレー湾で確認された個体は全長40メートルに及ぶ。群体が各個体に各機能を分化させ一つの生物として振る舞う。体はデリケートなゼラチン質でできている。小魚、プランクトンを餌とするらしい。詳しい生態は不明。

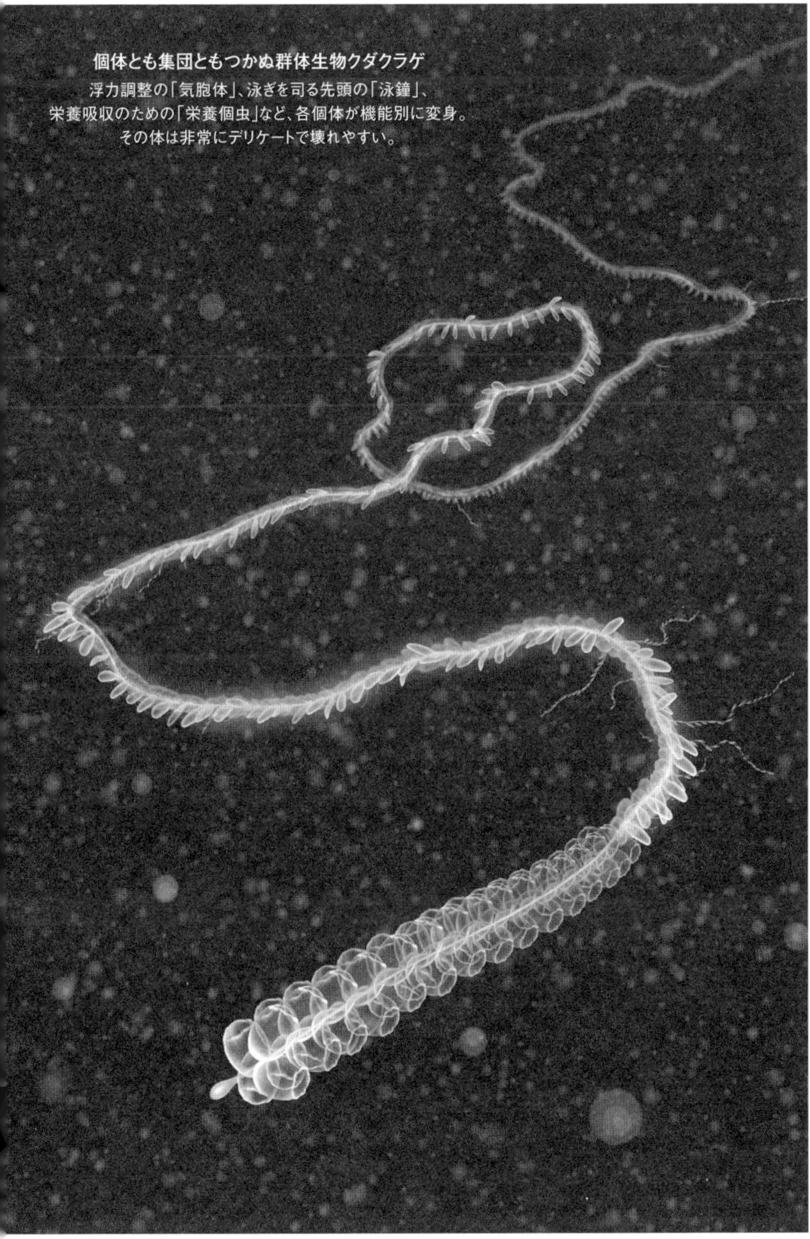

個体とも集団ともつかぬ群体生物クダクラゲ

浮力調整の「気胞体」、泳ぎを司る先頭の「泳鐘」、
栄養吸収のための「栄養個虫」など、各個体が機能別に変身。
その体は非常にデリケートで壊れやすい。

似てない親子を勘ぐるな

フィロソーマ

あまりに似ていない親子を見ると、ついご家庭の裏事情を勘ぐってしまいたくなるが、このフィロソーマ幼生と呼ばれる蜘蛛状の生物がイセエビの子供というのも、どうにも疑わしく思える。

イセエビの養殖など簡単なようだが、実は未だに実用化されていない。イセエビの幼生、フィロソーマは**厚みがなく**真横からみると消えてしまう二次元生物、幼生同士も絡まり合ってすぐ死んでしまう。変態完了まで300日をも要し、餌も非常に特殊、バクテリアにも弱い。この脆弱な平面生物の飼育は至難の業で、ましてやイセエビにまでするのは夢のまた夢であった。だが近年、新開発の回転型水槽により、三重県の科学技術振興センターは、稚エビ生産297匹という、世界記録を達成した。たったそれだけ？と思われるかもしれないが、この297匹に到達するまで実に1世紀かかっているのだ。イセエビに賭けた男たちの苦難が大河ドラマなみに想像できよう。

そして扁平な蜘蛛のようなフィロソーマは、30回も脱皮した挙げ句、痙攣と共にガラス細工のような透明な小エビ、「プエルルス」に魔法のように変態、それからさらに成長してようやく馴染み深い形の稚エビとなる。このわけのわからない蜘蛛状の生物は戸籍を調べるまでもなく、正真正銘、イセエビ母とイセエビ父の子供なのだ。

ちなみにイセエビの交尾は、雄が雌を仰向けにしてがばと組み敷くあられもないもので、見ていると何やらおかしな気分になってくる。万物の霊長が甲殻類ごときに劣情を刺激されるとはけしからんと言われても、**されるものは仕方がない。**

［ フィロソーマ ］

イセエビ類の幼生を総称してこう呼ぶ。孵化幼生は1.5ミリほどで、浮遊生活を送りつつ脱皮を繰り返し3センチほどになり、2センチほどのプエルルスに変態。この時期は餌は摂らず、約2週間で稚エビとなり、2〜3年で親エビとなる。イセエビの産卵は5〜9月で35〜50日後に幼生が孵化。

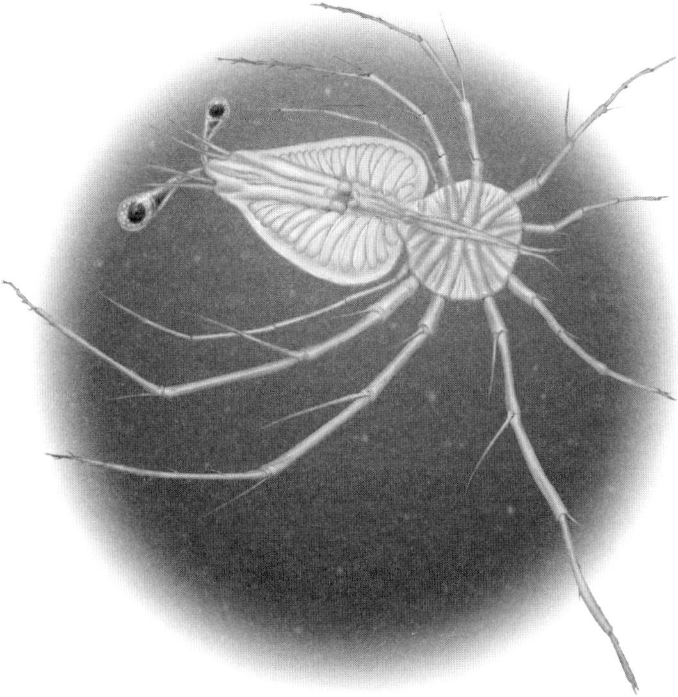

養殖業者を100年悩ませてきたフィロソーマ

「フィロ」は葉、「ソーマ」は体を意味する。
沿岸で孵化し、黒潮、黒潮反流に乗って長い旅をして再び沿岸海域に戻ってくる。
フィロソーマ期を持つ十脚類は、イセエビ科、セミエビ科、ヨロンエビ科など。

イカす男たちのイカ臭い情熱

ミズヒキイカ

1861年、フランスの軍艦はカナリー諸島付近で遭遇した巨大イカに仰天、**砲撃した。**1878年、カナダ東部の島では10メートルのイカが座礁。1930年代、ノルウェー海軍は少なくとも3度巨大イカの攻撃を受けたと発表。1965年には旧ソ連の捕鯨船員が、そして1966年には南アフリカの灯台守が巨大イカと鯨の戦いを目撃。1997年ニュージーランド沖で捕獲された巨大イカはニューヨーク自然史博物館に送られ学者を狂喜させ、2002年、京都の五色浜海岸には胴長2メートルのダイオウイカが漂着。大航海時代より今日まで、巨大イカ逸話は非常に多いが、その生態は未だに謎であり、未知の種も多い。

2001年、インド洋深海の深層域でこの新種の「ミステリーイカ《Mystery Squid》」は偶然発見された。全長7メートル、その9割方が腕で、他のイカのように水は噴射せず、ダンボの耳のような巨大なヒレで舞うように泳いでいた。10本の「水引」のような細い足が、蜘蛛の巣のように餌をからめとるのではないかと考えられるが、生態はほとんど不明だ。

恐竜より未知の、巨大頭足類が棲む地球で最も広大な深海域は、最も謎の生態系である。スミソニアン博物館は巨大イカ探検に500万ドルを投入、鯨にTVカメラをつけ巨大イカを撮影する計画もあり、日本の海洋研究開発機構も曳航式《えいこうしき》無人探査機で深海で巨大イカを探っている。巨大イカに血道をあげる学者は多いのだ。

巨大イカ、それは男のロマン。巨大イカ、それは未知への挑戦。スミと粘液にまみれ、強大な嘴《くちばし》でその身を引き裂かれても本望というイカ臭い男達が、今日も地球のどこかでこの怪物を追いかけているのだ。

[ミズヒキイカ]

全長7メートル、胴体部分50センチ。大西洋、インド洋、太平洋で8個体の同属種が報告され、深海の中・深層域に生息していると考えられる。2001年の『サイエンス』誌上で発表される。ヒレで泳ぎ、水を噴射はしない。まだ標本も採取されておらず、この和名も仮称ということである。

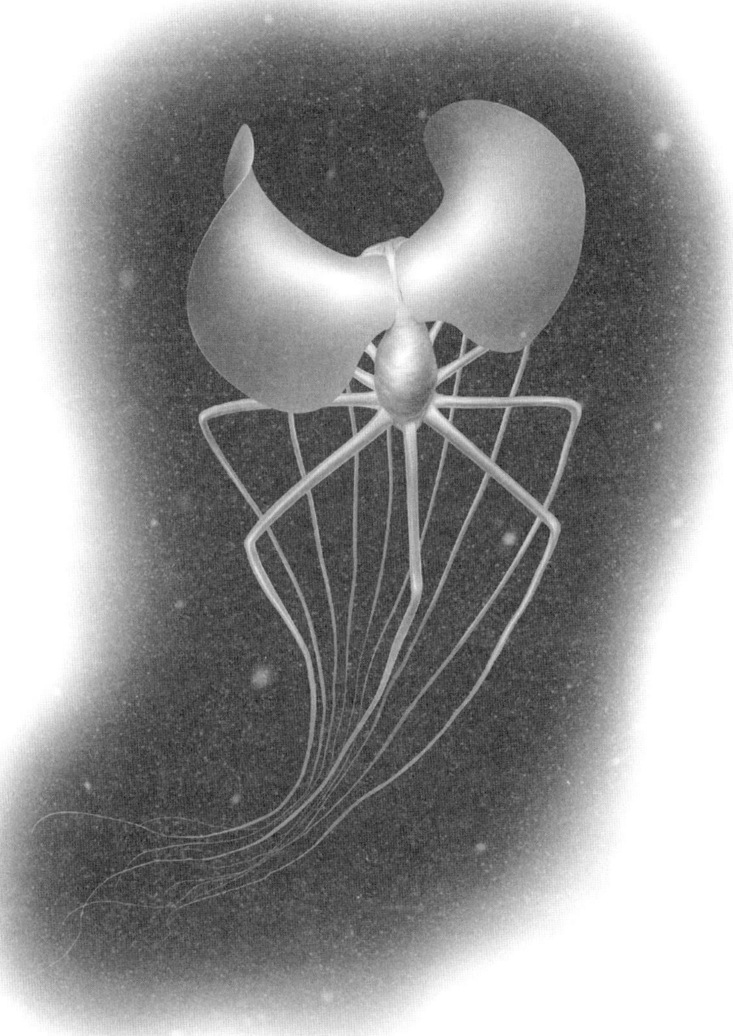

深海の巨大な幽霊

触腕はなく、10本すべて均質の腕。この腕が蜘蛛のようにからみ、獲物をとると考えられる。
2005年に日本の研究チームが世界で初めて海中のダイオウイカの撮影に成功、
海外メディアの注目を浴びた。

前略 蛙のおふくろ様

フクロアマガエル

少年はいつ母のことをおふくろ、と呼ぶようになるのだろうか。

叩かれ、挫折し、悔し涙に濡れ、いつしか一人前の男に成長した少年の心の奥には、いつだってあの優しく、そして厳しかったおふくろがいる。そしてその慈愛に満ちた微笑みには、「ママ」でもなく「お母さん」でもなく、やはり「おふくろ」という言葉が一番ふさわしい。

だがそのおふくろが存在するのは人間界だけの話ではない。

南米にいる蛙のおふくろさん、フクロアマガエルは、背中の保育嚢《ほいくのう》と呼ばれる袋に受精卵を詰め込み、6週間にわたり背中で子供たちを育てる。幼生は保育嚢内の毛細血管から酸素を取り込み、母の背に揺られ、兄弟たちと共に何の心配もなく暮らす。

だが、安寧の日々は突如終わりを告げる。ある日、母は後ろ足を背中の袋に突っ込み**オタマを外に掻き出す。**子供たちは安全な母の背中から、ワニやらヘビやら魚やら、海千山千のごろつき共が蠢《うごめ》く厳しい外界へ強制排出、否応なく自立させられる。しかし、ある程度育ってから放たれる幼生は外界でも生存率が高いのだ。この一見厳しい処遇も、おふくろの知恵と慈愛のなせるわざである。

前略 蛙《かえる》のおふくろ様。子供たちへの厳しさも、あなたの愛情なのですね。人間でも子離れできない母親はたくさんいるというのに、尊敬します。両生類でも、そのまことの母心に俺、打たれました。

…おふくろ様。ごめんなさい。ウソです。やっぱりきもち悪いっす。ああっ。こっち来ちゃいやですおふくろさん！ ぴょーん。だめだってば！来るなっての！ **ぴとっ。**いやーっ！ 取って取って！ ママ！ ママーッ!!

[フクロアマガエル]

体長3〜4センチ。南米北西部に分布。小昆虫を捕らえて食べる。45種あるフクロアマガエル属の代表的な種。受精卵は雄により雌の背面後部の袋に押し込まれ、幼生は内部で孵化、6週間の後、雌により外界に放たれる。その後、オタマジャクシ幼生はしばらく集団で暮らす。

卵を女房蛙の背に押し込むのは、亭主蛙の役目

おふくろさんよおふくろさん。空を見上げりゃ空にあり、池を覗けば池にある。
仔を背負ったり、付き添ったりといった、カエルの親による仔の保護例は多い。

長いものに巻かれたくない

オニイソメ

女子には忌み嫌われ、「釣り餌お徳用パック」に詰められ、塩漬けにされ、釣り針に串刺しにされて投げ釣りに使われれば空中で体が千切れてしまったりする気の毒なゴカイ類。しかしゴカイと近縁のイソメ、中でもオニイソメはこれら哀れな釣り餌とはひと味違う。

体表は妖しい虹色を帯び、体節数は500を越え、胴回りは親指より太く体長は最大**3メートル**に達する。海底の穴に潜み、獲物を猛スピードで攻撃、半月刀の牙で抑え、鋸《のこぎり》引きで一刀両断。死体から出るネライストキシンという毒は嘔吐・頭痛・呼吸異常などで釣り餌業者を悶絶させ、死後も人間を呪い続ける。無抵抗なゴカイ類とは、同じ多毛類でも毛色が違う不気味で攻撃的な生物だ。

映画や小説の世界では、何故かこういった不気味な生物に限って化学汚染やら放射能の影響で巨大化することになっている。近年に至っても海洋汚染は未だとどまらず、我が国でもロンドン条約を批准《ひじゅん》するまでは、放射性廃棄物を海洋投棄していたので、オニイソメが巨大怪獣に変異しても**ちっとも不思議ではない。**

巨大怪獣オニイソメギラーはまさに鬼となり、海を汚し、無数の同胞を殺戮した人間に復讐するだろう。手始めに**屋形船を撃沈、**酔っぱらいおやじを首チョンパ。やめておくれやすうと叫ぶ芸者も容赦なく丸刈りだ。映画なら、最後は新兵器で退治されてしまうのだが、実際、廃棄物による生物圏への影響は甚大で、現実に来るであろう人間へのしっぺ返しは、巨大イソメどころではないかもしれない。

［ オニイソメ ］

体長最大3メートル、体幅3センチ、体節数は500に達する。環形動物門多毛綱。世界中の温帯・熱帯水域に広く分布。岩礁域の隙間、珊瑚の死殻の下などに棲む。イソメ属の中で最大種。夜行性。雑食性で無脊椎動物や甲殻類も捕食。雌雄異体。疣足の基部に櫛の歯状の鰓を持つ。

電撃的スピードで獲物を捕らえ、穴に消える

5本の触手で獲物を検知、「はさみアゴ」「切断アゴ」で捕らえる。
英名の「ボビット・ワーム」は夫のペニスを切断したという米国版・阿部定事件「ボビット事件」に由来する。

その名も海組、夢なま子

ユメナマコ

何の芸もあるでなし。海底に芋のように転がり、ただ黙々と泥を舐める面白くもおかしくもない毎日。地味で野暮なナマコ類にもし視覚があったとしても、優美に泳ぐユメナマコの存在はあまりに高貴で眩し過ぎ、とても凝視などできないだろう。この美しい姫君に比べれば、他のナマコ類など下男か端女《はしため》に過ぎないとさえ思えてくる。

冷たく透き通った体に、熱く燃えるルビイの紅をたたえ、深い海に咲く薔薇の帆に、水中の柔らかな風をいっぱいにはらむと軽やかに舞い上がる。そしてその深紅の裸身を、官能的ともいえる優美さでくねらせて、静かに、だが力強く水を打っては舞い躍る。

その高貴な姫が召し上がるのは、他の卑しきナマコ共と同じ、腐泥中の有機物。だが姫はそのようなことは気にかけぬ。ひと時、海底に舞い降り、有機物を優雅にすすると、彼女はまた軽やかに飛翔する。そして大胆にも、その内臓をも優雅に透けさせ、**人生の9割の時間を遊泳して**過ごす。その美しさの前では、棘皮《きょくひ》動物の遊泳における生態学的意義などという科学的検証は、野暮に尽きよう。捕らえられると組織は変化、色は抜け落ち、けっして良い標本にならないという。敵の手に落ちれば舌を噛みきらんとする、姫の気位でもあろう。

もし故タルコフスキー監督がナマコの映画を撮ったとしたら、無論主役はこのユメナマコだったろう。深海で舞うユメナマコの、極めて美しく、また極めて緻密な映像が3時間半にわたって続くのだ。その映像美に、映画が終わる頃には、観客もいつしか夢の中だろう。

［ ユメナマコ ］

体長5〜25センチ。棘皮動物門ナマコ綱。全世界の深海400〜6000メートルで観察されている。海底表面の腐泥などを餌とする。口の周囲に20本の触手がある。背面には帆状の構造をもち、流れに乗り浮遊する。卵は3.5ミリと大型。他の棘皮動物同様、幼生は浮遊期を持つ。

宝塚海組・夢なま子、デビュー。

あまりの美しさに、アメリカの郵政公社も深海生物切手(33セント)の役者に彼女を選んだという。
前端にあるのが口で、海底表面の腐泥有機物を召し上がる。

目が離れてる男から目が離せない

シュモクバエ

己が遺伝子を残すため、雄同士は雌を争い、闘う運命にある。

闘魚は互いを切り裂き合い、ゾウアザラシは1トンの巨体で血みどろの肉弾戦を演じ、イチジクコバチに至っては、その鋭い大顎で、手脚ちぎれ内臓乱れ飛ぶ凄まじい死闘を展開する。

だが、このキルギス星人似のシュモクバエはそんな野蛮で愚かしい真似はしない。彼等の闘いの手法、それは「計測」である。

雄同士は顔つきあわせ、互いに目玉の離れ具合を入念に計測。目と目の距離は雄の遺伝子の優秀さを表示しており、シュモクバエ界においては、ヒラメ顔であればあるほど、キムタクでブラピでイ・ビョンホンなのだ。計測で勝敗が決まれば、敗者は黙って引き下がる。流血もなし、エネルギー浪費もなし。まことに合理的かつ平和的手法である。

だがシュモクバエのこうした紳士的振る舞いは、精子レベルになるといささか怪しくなってくる。シュモクバエのある種は、体長の半分程もある巨大精子で、雌の生殖器内に「栓」をして、他の雄の精子を閉め出すという。こういう「機能精子」の例では、ショウジョウバエが受精妨害機能に特化した精子を持つと言われ、また英国の学会では、一人一殺の精神で、敵兵士ならぬ敵精子に特攻をかける**「カミカゼ精子」**なるものが哺乳類に存在すると発表された。命名センスが災いしたか学会から認められなかったが、こういった生殖目的以外の精子の存在自体は確認されつつある。そしてその生産に雄は多大なエネルギーを使うだろう。結局、子孫を残すために雄が支払うコストは目の玉の飛び出るほど高くつくのだ。

[シュモクバエ]

シュモクバエ科に属するハエの総称。目の離れ具合は種によって様々。数百種がいると推定されている。ほとんどの種はアフリカ、東南アジアなどの熱帯雨林に生息するが、北米、ヨーロッパにも生息。成虫、幼虫共に植物を餌にすると考えられている。

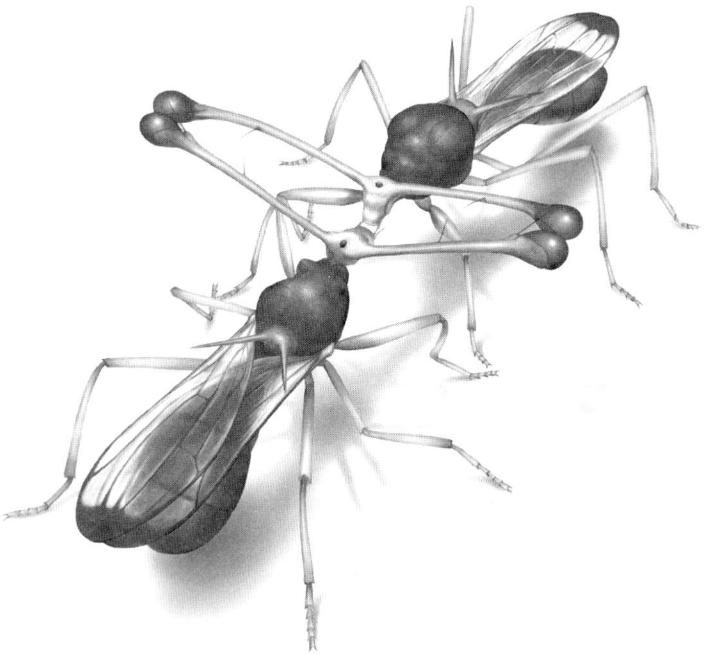

顔突き合わせヒラメ度を測定

シュモクバエの長い眼「眼柄」は羽化直後15分で伸びきり、そこで男の将来は決まる。
交尾直後、他の雄を近づけないように雄は雌をガードする。

浮かぶ鬼っ子

鬼ボウフラ

昔はその辺の水たまりによくボウフラが湧いていた。地面を蹴飛ばすと、驚いたボウフラ共は「く」の字になり、一斉に「く」「く」「く」と底に沈むのも、はかない風情であった。漢字では「孑孑《ぼうふら》」と書く。夏の季語でもあり、正岡子規も「孑孑や松葉の沈む手水鉢《ちょうずばち》」と詠んでいる。だが今の子供たちはボウフラも手水鉢も知らないかもしれない。

しかし大人でも、蚊の蛹《さなぎ》を鬼ボウフラと呼ぶことはあまり知らないのではなかろうか。ボウフラは1週間ほどすると蛹となり、水面に浮かぶ。ラッパ状の「角」で呼吸をし、蛹のくせに元気よく動く。2日ほどで成虫に羽化、交尾を終えた雌は卵の発育のためヒトや動物の血を吸うが、雄はかような大胆な真似はせず、おとなしく花の蜜など吸う。

しかし**3千万年前**から地球に住み、あらゆる環境に適応したこの昆虫がマラリア、黄熱、脳炎などの病原ウイルスを媒介する死の運び屋でもあると知れば、「孑孑や」などと言ってはいられない。昔のヒトの死因は、半分が蚊による伝染病という推定もある。1999年、ニューヨークに突如現れた「カラスが空から落ちる」西ナイル熱も蚊の媒介と考えられ、200人以上の患者が死亡、アフリカでは現在約4千万人がマラリアに罹患、毎年100万人の幼児が死亡している。

現代人はほとんど見たこともない、日本古来の防虫手段、蚊帳《かや》。この蚊帳がアフリカにおいてこの極小の死神を防御する重要な手段と認められ、WHOも普及を推進している。日本の伝統と文化が作り出した、対モスキート・バリアー「カヤ」が外国で多くの命を救っているのだ。これこそが偽りのない国際貢献というものであろう。

[オニボウフラ]

体長5ミリ内外。双翅目カ科の蛹。4齢を経過した幼虫が蛹となり、2日ほどで成虫に羽化。雌は一度だけ交尾して産卵。蚊は日本では約100種、衛生上重要なのは水に産卵するイエカ属、ハマダラカ属と、水際に産卵するヤブカ属。一般に雄成虫は1週間、雌は2〜3週間ほど生きる。

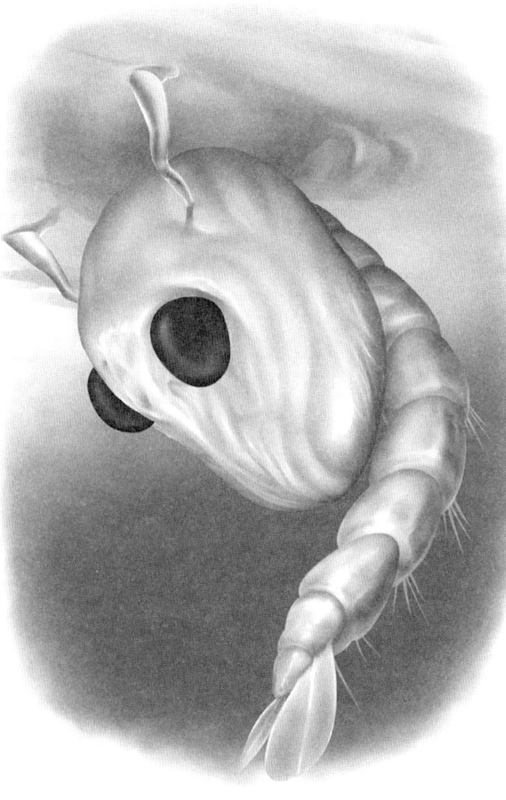

鬼の「角」は呼吸角と呼ばれる呼吸器官

腐敗有機物を餌として育つボウフラは、4回脱皮を繰り返し、鬼ボウフラと呼ばれる蛹となる。
蚊は地球上で最も適応力のある、成功した昆虫といわれている。

ガンダムのメカなら絶対ボツ

ファージ

歌舞伎町あたりで投網を打ち、捕獲した種々雑多な人々(会社員、OL、飲食店従業員、暴力団関係者、警官、風俗嬢等)に「ウイルスとは何ですか?」と強制質問したら、皆一様に「病原菌」と答えるのではなかろうか。

月とスッポンほどに**ウイルスと細菌は全く別物だ。**細菌は細胞を持ち、代謝し、自己増殖するまごうことなき生命体だが、ウイルスは、細菌よりはるかにちっぽけで、ものも食わず、排泄もせず、細胞すら持たず、他生物の細胞を利用しないと増殖もできない、そもそも生命といえるかどうかも怪しい単純な粒子なのだ。逆に言うと、単なる粒子のくせに生命の専売特許である「増殖」を行う希有の存在、生物と非生物の狭間に漂う微小の分子機械ともいえる。

細菌専門に感染するウイルスを「ファージ」と総称する。しょぼいモビールアーマーのようなT4ファージは巨大な大腸菌に吸着して菌内部に自分のDNAを注入。乗っ取られた大腸菌細胞はせっせとタンパク質など合成しウイルス増殖をお手伝い、やがて爆発的に増殖した子ファージちゃんたちは、お世話になった大腸菌の細胞膜を元気よく破壊、外に飛び出してこれを繰り返し、さらに加速増殖する。

ウイルスは、疫神として猛威を振るってきた。野生動物輸入がほぼ野放し状態の日本では、「感染症法」も新たなる疫神を祓《はら》うことは難しい。一方、ウイルスは生命科学の扉を開き、ファージなどは、細菌の薬物耐性進化で旗色も悪くなった「抗生物質」の代替治療法として注目されている。30億年前から地球にいるこの目にも見えない生命体は、人類に災厄と福音の両方をもたらす存在なのだ。

[ファージ]

ファージは、正しくはバクテリオファージと称する、細菌(バクテリア)に感染するウイルスの総称。T2、T4、T6などのT偶数ファージのシリーズが代表的存在。タンパク質とDNAで構成され、菌に付着してDNAを菌内に注入、菌内でDNAを複製することにより増殖する。

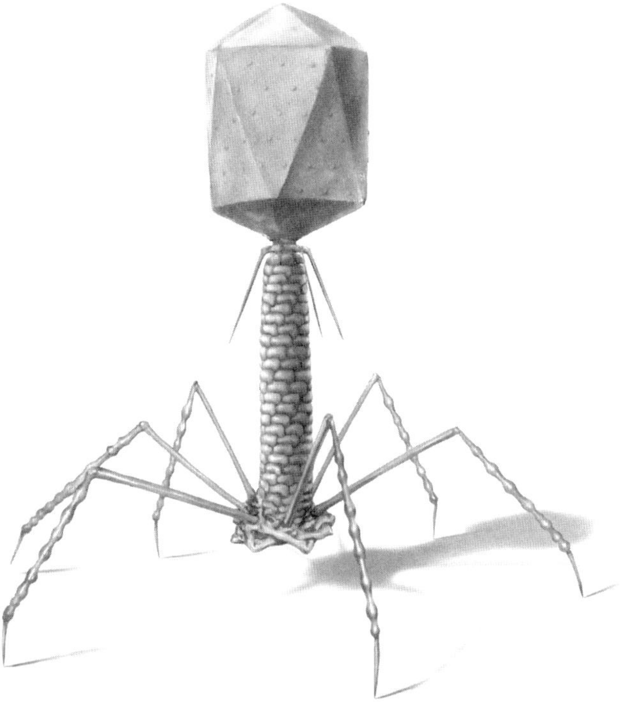

大腸菌表面に「着陸」したT4ファージ

体を「注射器」と化し、細胞壁と細胞膜を貫いてDNAを注入。
菌内でDNAが形質発現、タンパク質が合成され子ファージは数百倍に増える。
ちなみに抗生物質は細菌に効くので、ウイルス性の風邪に服用しても意味はない。

希少種に温かい手と温かい拍手を

ハナデンシャ

珍妙な形態のウミウシの中でも、水菓子に原色の金平糖をふりまいたようなこのハナデンシャは輪をかけて珍妙な希少種、滅多に発見もされない。刺激を受けると体表は青白く光り、そのためか海のUFOなどともいわれる。発光の理由は不明。何故こんなデザインなのかも不明。生態も不明。要するにほとんど何にもわかっていないのだが、とりあえず賑やかネという理由でこの名前がつけられた。

そもそも「花電車」とは、祝賀行事の際に走る、造花やモールで派手に飾られたお祭り仕様の路面電車のことをいう。日露戦争勝利の際も、日本国憲法公布記念の祝賀会でも、花電車は市中を華やかに駆け巡り、国民はその内実も知らぬまま熱狂した。しかし現在ではその風習はほとんど廃れてしまい、花電車は絶滅寸前といえる。

一方、踊り子さんが局所で鉛筆を折ったり、吹き矢を飛ばしたり、**火を吹いたり**する「花電車」なるストリップ芸も温泉街の片隅などに残るだけとなり、現在この芸ができる踊り子さんは3人しかいらっしゃらないという。花電車と名がつくものはすべて希少種なのだ。

会社の慰安旅行で泊まった温泉街の宿。夜更けに男性社員(主として中高年)が連れ立ってこそこそと出かけようとしているのを見つけたら「どこいくんですかあ?」と大声を張り上げて聞いてみよう。彼らはそわそわし始め、やがて「電車に遅れるから・・・」などと訳のわからぬことを言い出すだろう。だがイジワルはそこまでだ。その後はあなた自身もお供をし、手を叩き、歓声を上げ、ショーを盛り上げよう。絶滅危惧種の保護は人類のつとめであり、義務である。

[ハナデンシャ]

体長10〜15センチ。軟体動物門腹足綱。本州中部以南の沿岸、海底の泥質地に生息する。刺激に対して突起先端の発光細胞が青白く発光する。オレンジ色のリボン状の卵塊を産生し、幼生は1週間ほどで孵化する。カイメンなどを餌にすると考えられているが生態も不明点が多い。

光ってどうするハナデンシャ

海底を這うだけでなく中層を漂っているところも観察されている。
漁師の網にかかることもあるというが、たいていすぐ死んでしまい、
その体は4分の1ほどに縮まってしまうという。

刺されたら死んだと思え

アンボイナ

精密誘導弾なる兵器はハイテクの代名詞のように思われているが、よその国に落ちる、精密着弾したのに付近一帯まるごと吹っ飛ばすといった間抜けな挙動については、何故かあまり報道されない。

真の精密兵器とはアンボイナのことだ。「イモガイ」という野暮ったい名称ながら、俊敏な魚を精密狙撃して捕らえる手練れの巻き貝だ。検臭器という化学センサーで索敵、位置を把握すると口吻《こうふん》を触手のように長く伸ばし、獲物の魚に隠密接近。口吻の先端には、厚い潜水服や硬い鰓《えら》ぶたもぶち抜く、猛毒針が装填《そうてん》されており、忍び寄り獲物を狙撃、麻痺させて魚は丸呑みにする。のろまな貝ごときの餌となる無念はいかばかりかと思われるが、人間をも麻痺させ、呼吸困難・心停止をひき起こすこの高致死率の猛毒には抗う術もない。ペプチド性神経毒の複雑な混合による「コノトキシン」と呼ばれるこの猛毒には、抗毒血清も存在せず、イモガイ刺症《ししょう》事故の被害者の半分は重症に陥り、その過半数は死亡。美しい模様のこの巻き貝を見つけたとしても絶対に拾ってはならない。

あなたは貝がらを彼女の耳にあてながら「・・・アイラブユー・・・」と囁くなどという恥ずかしい手を使うべく、素敵な貝がらを拾いあげる。

気が付くとあたりは暗く、オシャレビーチだったそこはいつの間にか川辺になっている。三途の川だ。そしてあなたの横にいて笑っているのは可愛い彼女でなく、**奪衣婆《だつえば》**なのだ。

[アンボイナ]

貝殻の全長13センチ。軟体動物門腹足綱。イモガイの仲間。毒で魚を刺殺して食べる。日本では南西諸島、伊豆諸島、紀伊半島以南の沿岸、浅い水域の砂地に棲む。雌雄異体で多数の精子と卵子を放出、受精卵は卵塊として産み出され、発生した幼生は浮遊期間を経て稚貝となる。

貝に食われるなんてそそそんな・・・・

ハゼ型の魚なら殻長の1.5倍の体長まで呑み込める。
鱗、骨、眼球などの残骸は消化後にまとめて吐き出されるので合理的。
イモガイ類の毒は、鎮痛剤の新素材として注目されている。イモガイ科は400〜500種にものぼる。

毒貝をもって毒貝を制す

タガヤサンミナシ

無敵の兵器というものは存在しない。精密兵器のアンボイナに敵対する兵器も存在する。同じイモガイの仲間、タガヤサンミナシだ。

この貝はアンボイナ同様、猛毒の針を持つ。アンボイナは触手状の口吻《こうふん》を伸ばし、獲物を狙撃するが、タガヤサンミナシの毒針は本体を離脱して発射可能である。つまりミサイルなのだ。

センサーで獲物を特定すると、攻撃を開始。タガヤサンミナシは貝食性の貝、獲物は貝だ。この貝の化学弾頭ミサイルは連射可能。殻ではじき返されても、次々と次弾を装填し、かまわず撃ち続ける。かなわぬと知った獲物が逃走を始めると**追撃を開始。**攻撃を続行し、やがて毒に沈黙した獲物に覆い被さると、ゆっくりその肉を呑み込む。

アンボイナとタガヤサンミナシが激突すればどうなるか。アンボイナは口吻を伸ばし、敵貝を狙撃、毒針は正確に命中する。だがタガヤサンミナシは倒れない。アンボイナは魚食性の貝、脊椎動物なら人間をも倒すこの貝の猛毒成分も、軟体動物のタガヤサンミナシには無効である。そしてタガヤサンミナシの武器は「対貝用」なのだ。白く不気味な毒液の砲煙に包まれつつ敵貝が連射を始めた時、アンボイナは敗北を悟るかもしれない。勝敗はすでに決まっていたのだ。

猛攻の末、敵が沈黙すると、タガヤサンミナシはこの敵貝を仰向けにし、内臓に、**とどめの一撃**を発射。こうしてタガヤサンミナシは敵貝を胃に収める。だがこの無敵に思えるミサイル貝も、全身を装甲板で覆い尽くした蟹類にとっては単なる食物に過ぎないのだ。

[タガヤサンミナシ]

貝殻の全長10センチほど。軟体動物門腹足綱。イモガイの仲間。貝食性の貝で、イボニシ類などの巻き貝を刺殺し、餌とする。東アフリカからハワイ、日本では沖縄から奄美大島の珊瑚礁に生息。発射する歯舌歯はイモガイ類で最長で、最高12発まで連射可能、口吻を獲物に触れず発射できる。

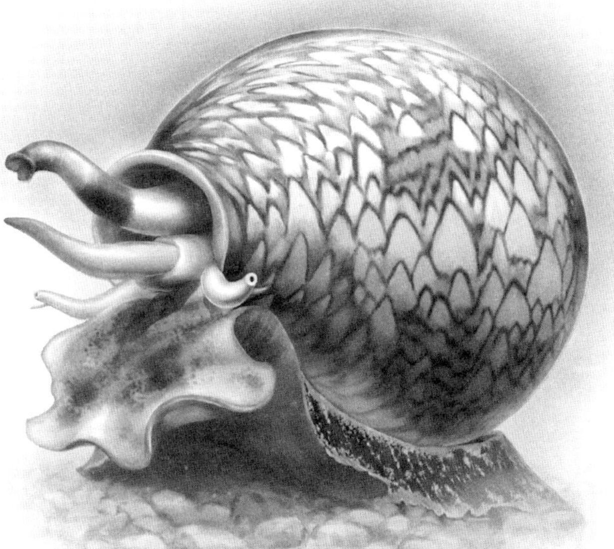

センサーで敵を検知、戦闘モードに入るタガヤサンミナシ

発射と同時に漏れる毒液は、砲煙の如く周囲を不気味に白濁させる。
この貝にとってイモガイ類は不味い餌らしく、食わずに殺すだけの事もあるという。

対峙するアンボイナとタガヤサンミナシ

象の鼻のような口吻を長く伸ばし、敵を狙撃せんとするアンボイナ。
相手の位置を見定め、毒針を射出する機会をうかがうタガヤサンミナシ。
深い海の底で猛毒の巻き貝の戦いは音もなく繰り広げられる。

蟹の仮面の告白

トラフカラッパ

三島由紀夫はカニが嫌いだったという。我々凡人にはカニといえばカニ鍋しか浮かばないが、三島は鍋はおろか**「蟹《かに》」の文字さえ嫌悪**したという。脚を何本も生やらかし両手は嗜虐的なギロチンばさみ、その上、鎧《よろい》の牢獄に我が身を幽閉したかのようなこの閉所恐怖症的生物に、彼の文学的感受性は耐えられなかったのかもしれない。泣き濡れて蟹とたわむる啄木とはえらい違いである。

しかし、丸々と肥え太り、平安の姫君のように恥ずかしげに顔を隠すトラフカラッパには、嫌悪すべきカニのイメージはあまりない。

巻き貝が好物のこのカニは、貝を拾うと表千家の作法に則り、殻をくるくると回してよく吟味、お気に召しますとお道具のハサミで殻を綺麗に割りつつ、中のお肉を少しずついただく。こんな華族の晩餐の如き優雅な美食で肥え太ったのかもしれないが、これに比べると、他の駄カニ類が餌を貪《むさぼ》る有様は品位に欠けると言わざるをえない。

しかし上品な食事といっても、貝を片手で割るなどとは、鉄板を素手で割り裂くような凄まじき芸当だ。貝割り用の缶切りバサミとして進化、サイボーグ並みの怪力を発するこのお道具があってこそ、この品位は保て、そして優雅に肥え太ることもできるのだろう。

ならばさぞお肉もたっぷり…と凡人にはやはり食うことしか浮かばない。だが実はこのカニが立派なのは甲羅とハサミだけ。その身の貧弱さはガンジーと互角で、こんな間抜けな正体を見たら、三島の嫌悪感も減じ、その魂も少しは和んで、ひょっとして市ヶ谷にも行かなかった**かもしれない**というのはくだらぬ妄想に過ぎないだろうか。

［トラフカラッパ］

甲幅12センチほど。甲殻綱十脚目カラッパ科。南太平洋、インド洋の水深30〜60メートルの砂底に棲む。体を半分砂に隠し、口部と鉗脚を閉じ合わせ、呼吸水を濾過する。特殊化した鉗（ハサミ）で巻き貝を割り、中の肉を食べる。雄が雌を背後から抱くようにして交接を行う。

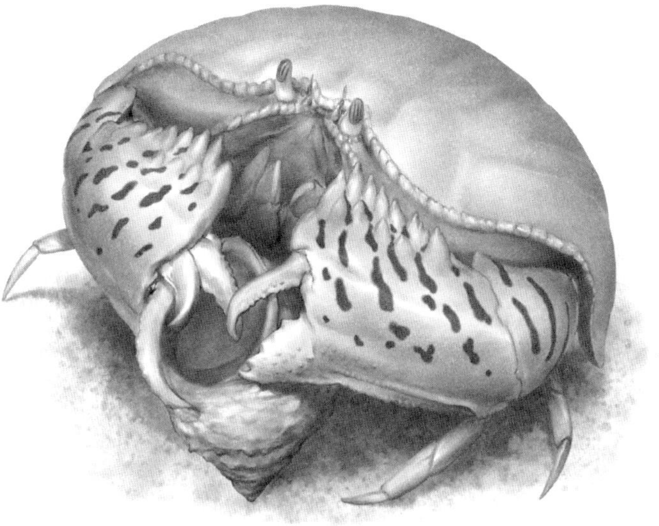

丸々と太って見えるが中のお肉は貧弱

貝を拾うとまずハサミをいれて中身を確認。気に入らないとぽいと捨ててしまう。
右側のハサミだけが「缶切り」なのは、巻き貝が右巻きだからである。

振り上げる拳に憎しみなし

モンハナシャコ

紫外線をも識別する、生物界で最も複雑な視覚器官と化学センサーの触角で目標を捕捉、強烈なパンチを浴びせて獲物を狩るという、寿司ネタのシャコとはひと味違う捕食性の打型シャコだ。その打撃の速度は、水中で秒速23メートルという爆発的な速度で、水中メガネを割り、**水槽のガラスをもぶち破る。**打撃の異常なスピードで生じる「キャビテーション気泡の消滅」なる物理現象は、音と光と共に強力な衝撃波を生む一種の小爆発でもあり、発泡による発砲ともいえるその威力は**22口径の銃弾**に匹敵するという。銃器と同じ破壊力を持つシャコなのだ。

その鋭い視覚、的確な判断力で貝やカニの防備の手薄な箇所を見抜き、捕脚《ほきゃく》と呼ばれる棍棒状の脚で見舞う打撃の圧倒的なパワーとスピードは、彼らの装甲を難なく粉砕。防備など**無駄無駄無駄無駄無駄無駄無駄無駄無駄無駄無駄無駄無駄無駄**なのだ。

となると、モンハナシャコ同士の喧嘩は、互いに銃をぶっ放すような物騒な戦いになるのだろうか…と思うが、喧嘩の際は打撃に手心を加え、また相手もくるりと丸まってその打撃を尾節で受け止めて衝撃を緩和するので、殺傷沙汰などにはならない。動物の同種同士の戦いは大抵、威嚇か儀式的な戦い、もしくは敗者の逃走で決着がつき、無意味な殺しはしない。彼らがこのような銃器レベルの強力な兵器を持ちつつも、殺し合いにならないのは抑制という生命の知恵があるからだ。一方、人類は…と書くともう話の流れはおわかりかと思うのでくどくどしくは言わない。

[モンハナシャコ]

全長15センチ。節足動物門甲殻綱。熱帯、亜熱帯水域の浅瀬、日本では本州以南、南西諸島の珊瑚礁などに多く分布。海底の穴に棲み、二本の触角で獲物を化学的に探知、捕脚で貝やカニなどを打撃して捕食する。雌は腹脚で卵塊を抱える(抱卵)。幼生は脱皮を繰り返して成長する。

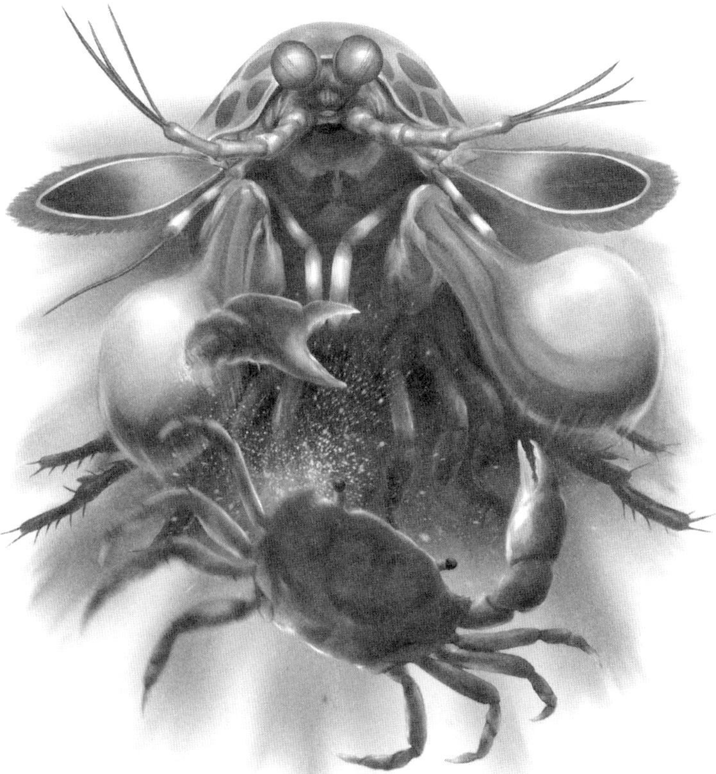

ハデなファッションで獲物を攻撃

触角は獲物を化学探知、目は10万色を識別すると言われる。
強力な打撃のエネルギーは、脚の付け根の「ポテトチップ」状のバネから生み出される。

間違っても茶を煎れるな

ベニボヤ

入水孔から海水を取り込み、微生物や有機物を漉《こ》しとって排水口から排水する。目鼻も口も手足もない、あからさまに機能一点張りの姿形だが、れっきとした生物、ホヤの仲間である。

ところが、このくそ面白くもない器物のような生物の子供は、親とは似ても似つかぬ小さく可憐なオタマジャクシである。ホヤのオタマジャクシ幼生は、受精卵から孵化すると誰の助けも借りずに新世界に飛び出し、けなげに泳ぎ始める。波は荒いだろう。魚に狙われもするだろう。しかしホヤの子どもは何かを探し求め、必死で泳ぎ続ける。

やがてこの子どもは求めるものに出会う。岩だ。子どもが岩にとりつくとその頭からは「付着突起」が伸びだし、植物のように根を張る。そしてその尾は縮み、眼は消失、ぺしゃんこになった体には穴が開く。愛らしいオタマジャクシはこんな悲しき変態を遂げると、やがて一個の**シビン**と成り果てる。そしてもはや泳ぐこともなく、その場所に固着、水を吸っては吐き、吸っては吐いて生涯暮らすことになる。

ホヤは幼生時代には「脊索《せきさく》」と呼ばれる原始的な背骨状の器官を持つ。哺乳類などの脊椎動物も、受精から胎児に至る過程で、やはり同じくこの脊索を持つ。地球上の全生物の分類体系、つまり巨大な生命の家系図においては、これは互いが非常に近しい関係であることを意味する。つまりこの海底のシビンと我々はいとこなのだ。

[ベニボヤ]

体長5センチほど。インド洋、太平洋、大西洋の浅い海岸に広く生息。小さな浮遊生物を漉し取って餌とする。無脊椎動物の中では脊椎動物に最も近い原索動物門に属する。幼少の時期は脊椎動物に似た神経管、脊索などを持つが、発生の過程で失われる。

親近感を持てと言われても

ヒトの脳の基本設計はホヤ幼生のそれと同じで、神経回路の複雑さが違うだけだという。
（神経細胞の数は、ヒトは1000億個、ホヤは80個）

浪漫破壊生物

テヅルモヅル

鉄柵に優雅に生い茂る蔓薔薇《つるばら》、その花言葉は、「愛」。

紅顔緑髪《こうがんりょくはつ》の美少年は蔓薔薇のアーチに佇み、蔦《つた》の絡まる薔薇屋敷の窓には令嬢が微笑む。蔦模様はアール・ヌーヴォーの石版画に踊り、恋人たちの交わす愛の手紙を縁どり、そして詩人リルケは薔薇の棘で死ぬ。蔓薔薇や蔦などの蔓植物は、耽美、ロマンチシズムを演出するまことに古典的かつ未だ有効な小道具である。

しかし蔓は蔓でも、その妖怪的名称と、杉もないのにむず痒くなりそうな姿形のこの「手蔓藻蔓《てづるもづる》」の前では、ロマンも耽美も連鎖崩壊、原子の塵と化してしまう。ただでさえ気味の悪いクモヒトデの近縁である上に、分類名も**「蛇尾類《じゃびるい》」**。美少年なら貧血を起こし、竹宮恵子タッチで倒れそうな、海底の怪奇植物的棘皮《きょくひ》動物である。

昼間は魚やカニに気づかれぬよう身を縮めているが、夜となると急に態度がでかくなり、2本の腕で珊瑚《さんご》につかまると、二股に分岐を繰り返し、おそらく本人も訳がわからないほど複雑怪奇に発達した腕を遠慮無く広げて、網漁を始める。腕に連なるフックと粘液で、小エビ、プランクトンなどの浮遊性小動物や、稚魚などを捕まえるのだ。食欲は旺盛で、腕をせっせと振り回し、漁の効率を少しでも上げるため、体を海流に対し直角に保つことも忘れない。

テヅルモヅルは、有毒な海綿や刺胞動物《しほうどうぶつ》と共生関係にある。保護を得る代わり、彼らの体内のゴミなどを掃除するのだ。彼らとの太いパイプを維持するため、パイプ掃除に日夜いそしむ。この「ウイン・ウインの関係」を築くには、さぞかし色々な手ヅルを使ったのだろう。

[テヅルモヅル]

棘皮動物門クモヒトデ綱カワクモヒトデ目テヅルモヅル科の総称。全長は大きいもので30センチ。夜行性。日本では九州西部、日本海、相模湾などに生息、12種が確認。幼体は有機物、成体は浮遊性小動物を捕らえて食べる。雌雄異体で体外受精を行い、数千個に及ぶ卵を産む。

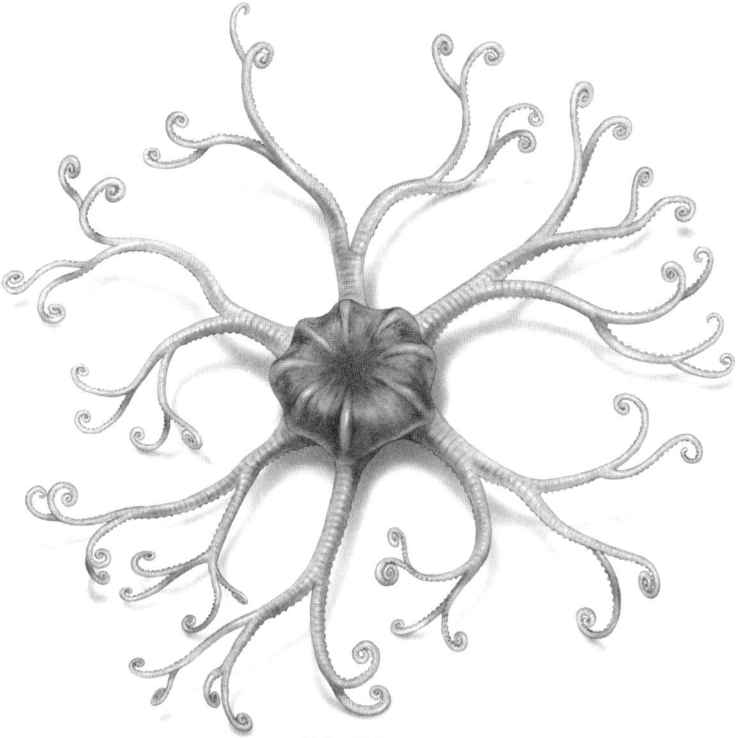

植物ではない

中心部の「盤」は直径3～5センチ。口は肛門を兼用する。
クモヒトデ類などは盤から5本の腕が放射状に伸びるが、希には6本のものもある。
腕を自切することがある。

美少年は失神

マイマイゾンビ

レウコクロリディウム

ハッ。朝だ。広い場所へ出なきゃ。なぜ？…そうだ、鳥、鳥に見つかって食べられるんだボク。ウフフ。さあさ鳥さんいらっしゃい。おいしい餌はこの私、どうぞ遠慮なく召し上がれ。さあさ…さあ…さ…？…ひいッ、と、鳥だッ、食われるッ、誰かお助け、お助け、おおおお…。

貝や魚を宿主とし、体内に潜んで暮らす吸虫類の仲間・レウコクロリディウムは、カタツムリの一種・オカモノアラガイに寄生するだけでなく、**その肉体を乗っ取り、行動をコントロールする。**

カタツムリに侵入したこの寄生虫は、腸内で無性的に増殖、葉巻状に集結すると、カタツムリの頭部に食い込み、その目を芋虫のように肥大化させる。日が昇ると目立つ場所にカタツムリを誘導、パチスロ屋のネオンのようにド派手に目の模様を躍動させ、鳥を誘う。カタツムリの目は活きの良い芋虫を装う、鳥類界をターゲットとした広告塔となったのだ。だまされた鳥がそのカタツムリを食えば、寄生虫は鳥の体内で成長、やがて産み出された虫卵は鳥の糞から葉に付着、その葉を餌にした新たなカタツムリは再び乗っ取られる。こうしてこの寄生虫は生息域を拡大していく。吸虫の中で、レウコクロリディウムだけがこのような巧妙・精緻にして悪魔的なライフサイクルを持つ。

脇の甘い大企業が乗っ取りなどにあえば、恥も外聞もなくわめきうろたえ、右往左往のていたらくだが、この乗っ取りにあったカタツムリは騒ぐことすらしない。生きてはいてもすでに屍、ゾンビなのだ。

［ レウコクロリディウム ］

扁形動物門吸虫綱に属する寄生虫。オカモノアラガイに寄生、多数のセルカリア（幼生）がスポロシストという袋の中で発育して宿主の目に移行、肥大化させた目の模様を1分間に40回ほど動かして鳥を誘う。最終的には鳥の腸内で成虫となる。日本では北海道で確認されている。

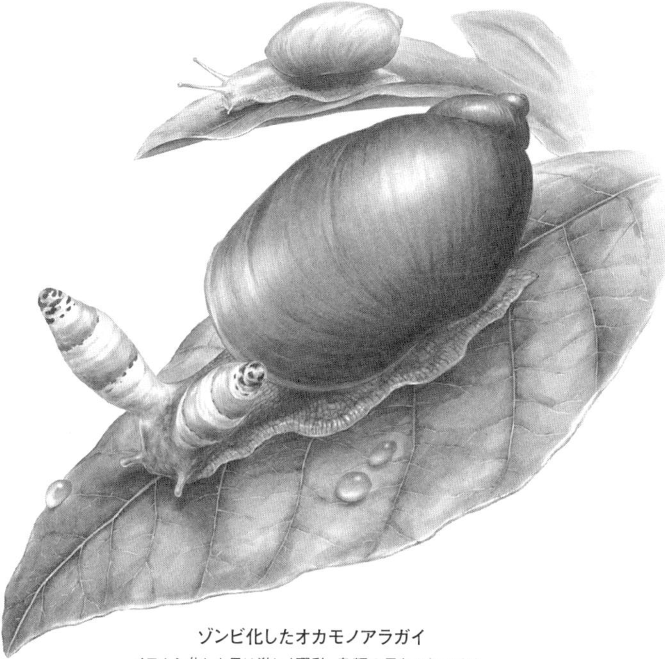

ゾンビ化したオカモノアラガイ

イモムシ化した目は激しく躍動、鳥類の目をひきつける。
片目だけに入り込む場合は、何故か左目を選ぶ傾向があるという。

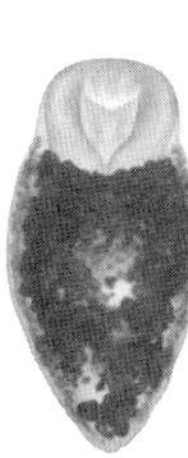

レウコクロリディウムの正体
吸虫の一種。

深海底の食えないやつ

メンダコ

タコという生物はどうにも怪しい。軟体動物のくせにむやみと神経節が発達、無脊椎動物では最も知能が高いともいわれる。学習能力に長け、ビンの蓋も開ければ迷路もクリア。他の生物の物まねや偽装も得意だ。視覚にも優れ、ある研究所で飼育されているタコは、嫌いなカメラマンだけに正確にスミをぶっかけたという。

しかしこのメンダコは、かようなタコ類の多彩な能力とは無縁に思える。獲物を狩る長く強い腕も、西洋人に「デビルフィッシュ」と言わせしめる魔性もなく、終始徹夜明けのような目つきには、厳しい自然を生き抜かんとする気概も感じられない。他のタコのように水をジェット噴射などというまねもできず、耳を忙しげに羽ばたかせ、せっかちなクラゲのようにせかせかと泳ぎ回る。水槽に入れれば狂ったゴムまりのごとくチャカポコと水中を跳ね回り、せわしいことこのうえない。

だが、人間界ではフィギュアやお風呂おもちゃにもなり、意外な人気があるらしい。ならばこのメンダコでタコ焼きを作ればかわいくておいしくて一挙両得! とその矛盾もものともせず考える人もいるだろう。

だがそうはいかない。メンダコの水産資源としての価値はゼロ。身は少なく、おまけに**異臭を放ち**、陸に揚げるとスライム状にのびてしまう。他のタコのように乱獲の憂き目には遭わずにすんでいるが、そもそも数が少ない上に、現在は「減少種」に指定されている。出版各社様におかれましては、**「LOVE♡深海のイケメンダコ」**などという大甘タイトルの写真集でポンチなファミリー層を狙うなら今のうちだ。

［ メンダコ ］

最大幅（直径）20センチほど。八腕形目メンダコ科。半ゼラチン状の体を持つ。歯舌はなく、小さい甲殻類や魚を餌とする。日本固有の種で、北海道から九州にかけての太平洋側の中深部に分布。吸盤は各腕に平均48個が1列に連なる。幼生はプランクトン状と考えられている。

耳に見えるのは実はヒレ

臭いので、底引き網にかかれば速攻で捨てられるが、
タコ類の進化を考える上で貴重な種だという。

常に不機嫌なまんじゅう

フクラガエル

アフリカの乾燥した砂漠に棲む。日中は砂に潜り強烈な太陽を避け、夜になってようやくその仏頂面をのぞかせる。蛙のくせに元気よく跳ね回るというような事はなく、その小さすぎる手足をパタつかせ、ゼンマイ仕掛けのように這い回ってはシロアリなどの餌をぱくつく。水辺を必要としない、非常に珍しいタイプの両生類である。

その大福のような小ささからか、カワイイカワイイと人気を呼び、ペット店で大枚はたいて買う人もいる。しかしそういった人が両生類の飼育に一家言持つというようなことは大抵なく、家に持ち帰ってから「さて、餌はどうするのかな?」などと呟き、蛙は暗澹《あんたん》たる気分でもぞもぞと尻から砂に潜ってしまう。それっきりウンともスンとも言わない。面白くないので蛙を無理矢理掘り起こし「ふくちゃーん!」などと言いつつ、突っついたり歩かせたりなどして、蛙は益々仏頂面になる。

だが、しっかりした知識と経験と設備でもなければ、高温多湿で四季折々の変化に富む日本の環境下で、アフリカの、しかも乾燥地帯の砂漠に住む特殊な両生類を飼い続けられるはずもない。案の定、いつしか蛙は砂から出てこなくなり、いつまでも出てこずに、待てど暮らせど出てこずに、気がつくと飼い主の家の裏庭には**「ふくちゃんのおはか」**と書かれたアイスの棒がささっていることになるのだ。

だが、この手の飼い主は、カワイイ生き物を見つけてまたぞろ買い込み、やがて裏庭にはピーちゃんだのキントトちゃんだのぷー君だのといった戒名のアイス棒の卒塔婆《そとば》が立ち並ぶことになる。飼い主はいずれ動物霊に憑依《ひょうい》され、虫を食らってゲロロと鳴くようになるだろう。

[フクラガエル]

体長6センチほど。アフリカ南部の大西洋岸の砂漠地帯に棲む。日中は砂に穴を掘って隠れ、夜にシロアリなどの小昆虫を捕らえて食べる。大雨の後に笛のような鳴き声で求愛、雌は雄を腰に乗せ砂中に産卵。幼生は孵化時には仔ガエルとなり、自力で餌をとる。

短い手足が機能的

餌をとる時だけは意外に俊敏に動く。

雌よりさらに一回り小さい雄は抱接の際、分泌物で雌の腰にくっつく。

人も魚も鼻毛は無視

バットフィッシュ

笑顔で振り向いた恋人の鼻から鼻毛が1本、しかもその先にはハナクソが。こんな時、あなたならどうしますか。何事もないかのようにやり過ごしますか。それとも説教をかましますか。

鼻先の疑似餌を自在に操り、獲物を誘って狩る、バットフィッシュ。

こう書くと格好もいいが、疑似餌の出来はというと、太めの鼻毛に付着した鼻クソにしか見えず、実にずさんだ。それもそのはず、この疑似餌はその昔アンコウだった頃の名残であり、人間で言えば盲腸のようなもの、**くその役にも立ちはしない。**だが何か勘違いをしているのか、たまにこの疑似餌をぴろりと出してみたりする。当然周りの小魚は全く無視。そんな甘い考えでいいのか？　自然界は厳しいのではないのか？　魚類相手に本気で説教したくなってくる。

厚化粧マダム唇に無精ヒゲのとりあわせもさりながら、泳ぎもせず、大儀そうに海底を歩く様に魚類特有の俊敏さは、ない。手ですくえばあっさり捕まるとんまさに、ある研究者は毒の防御に自信があるのだと考え、よせばいいのに舐めてみたが単に不味いだけであった。生き馬の目を抜く動物界において、これほどやる気のない生物が何故安穏と生きていられるのか。自然界の不思議である。

バットフィッシュの仲間は、日本ではフウリュウウオとも呼ばれる。このとんま魚を風流などと呼べるなら、福岡の尻振り祭りだの、愛知のうじ虫祭りだのといったとんまな祭りも典雅な祭礼とも呼べよう。21世紀の今日、先進国である筈の我が国にこのような「とんまつり」(注1)が営々と営まれているのはどうしたわけか。人間界の不思議である。

注1　みうらじゅん著『とんまつりJAPAN』より

［ バットフィッシュ ］

全長最大36センチほど。アカグツ科の仲間。カリブ海およびその周辺の温暖な海域の、砂底などに生息。近縁種は南日本太平洋岸に分布。胸びれ、腹びれで海底を這い、甲殻類、多毛類などを餌とする。吻棘（ふんきょく）にある疑似餌はアンコウ類の祖先の名残と考えられている。

物言いたげな唇だが、特にこれといった主張はない

英名は「レッド・リップド・バットフィッシュ」（直訳すると赤い唇のコウモリ魚）。
ダイバーが近づくと「プイ」と後ろを向くのは、背後の鰓孔（えらあな）を目に見立てて、脅しているつもりらしい。
鼻先の疑似餌は格納が可能だが、だからといってどうということはない。

上から見てもやる気がなさそう

由緒正しき変の家柄

カギムシ

5億年前の化石から、そのあまりのヘンテコぶりが明らかとなった「バージェス生物」。カギムシはそのバージェス生物の直系の子孫ともいわれ、「へんないきもの」としては由緒正しきお家柄といえよう。

生殖法はカギムシの種によって様々だ。ある種は、雄の額に生殖器官があり、雄は**雌の尻に顔を埋めて**交尾する。また別の種は、雄が雌の体表面にことわりもなく「精包《せいほう》」という精子の詰まった包みをぺたりと貼り付け、そそくさと立ち去る。精子は体表を通し雌の卵巣に辿り着くというが、いい加減な郵便屋か通り魔のようだ。卵生、卵胎生など繁殖様式も様々で、無脊椎動物《むせきついどうぶつ》としてまれなことには、胎盤・子宮様の器官を持つものさえいる。また、精緻な器官システムなどを持っていることでも知られ、これらの複雑な器官は、太古の昔にすでに出来ていたのではないかとも考えられている。

米国の創造論者《Creationist》は、こういう事例を元に進化論を批判、「神が全ての生物を設計し給うた事実が科学的に解明された」と主張する。「最新式の迷信」ともいわれる、こういった「科学的創造論《Scientific Creationism》」なるものは、ローマ法王のダーウィン進化論是認の経緯もぶっちぎり、堂々と「学問」の看板を掲げている。かの高名な天文学者、カール・セーガン博士はこの手のファンタジーを好む人の増大を危惧、知性は衰退し、宗教的情緒が国を暗く覆っていくだろう事を自著で予言した。

米国の知性の灯台であったセーガン博士が、未知の宇宙に旅立った後、かの国は博士の予言通りに動いているように見え、また我が国はその尻にカギムシの交尾の如くひっついているように見える。

[カギムシ]

体長4センチほど、種によっては20センチほどに。アフリカ、南米などの森林地域の、湿った葉、腐った丸太などの下に棲む。有爪(ゆうそう)動物門に属するのはカギムシ綱だけ。体を収縮させ、頭部から粘液を噴出させて小昆虫を捕らえて食べる。これは防御にも用いられる。

個体によって脚の数も適当なカギムシ

体表はベルベットのような質感。頭部から粘液を発射し、小昆虫を捕らえる。
バージェス生物との関連についてはグールドの『ワンダフル・ライフ』(早川書房)に詳しい。

人類は月に到達していない
ミカヅキツノゼミ

枝そっくりに化けるナナフシなどの「擬態」を、現在主流とされる進化論「ネオダーウィニズム」は、「遺伝的変異と自然淘汰の累積」と説明する。偶然起こった遺伝的変異により、ほんの少しだけ枝に似て生まれた個体は、天敵の目を逃れ生存率が少しだけ高くなる。子孫にさらにほんの少しだけ枝に似ている個体が生まれれば、これまた生存率が高くなる。この「ほんの少し」が何千何万世代にわたって続き、淘汰が重ねられた結果、まるで意図的にデザインされたかのような巧妙な偽装ができあがるというわけだ。

ミカヅキツノゼミは、木の芽を覆う保護膜「芽鱗《がりん》」に擬態しているのだという。たしかに剥がれかけた芽鱗にそっくりだ。さすが何万年にもわたる進化の妙だ。自然が織りなす造形の驚異だ。まったくもって**悪い冗談だ。**何しろ体がろくろ首のように伸びて後ろにそっくり返っているのだ。擬態といっても、これでは大変な重荷でかえって生存が危うい気もする。十字架を背負ってゴルゴダの丘を登るほうがなんぼかましに思われるが、本人は平気で飛んだりしている。

ダーウィン的解釈によると、このツノゼミも天敵の鳥類の「鵜《う》の目鷹の目」に何万年とさらされ続け、そのお目こぼしにあうよう淘汰されてきたということになろうが、厳密に言うと確たる証拠はないという。擬態ひとつとっても説明できない例も多く、現在の進化論も絶対に非《あら》ずという学説も登場してきている。つまり確かなことは何もわからないのだ。人類は月面に偉大な一歩を記したかもしれないが、足下にいる、このちっぽけな三日月にはまだ手すら届いていないのである。

［ ミカヅキツノゼミ ］

体長1センチほど。半翅目ツノゼミ科。熱帯地方の森林に棲む。単独行動をとり、寄主植物の茎などから樹液を吸い、卵も植物の組織に産み付ける。胸部体節の変形により、若芽を覆う芽鱗（がりん）に擬態しているのではないかと考えられている。

人生の重荷を体現したような進化の帰結

DNA至上主義的な進化論はいずれ幕を閉じ、新たなパラダイムに移行するという意見もある。
進化論議は、戦争さえ起きかねないほどホットであり、
科学の進化はさらなる驚異と興奮を我々に与えてくれるかもしれない。。

まんが日本貝話

むすめになった百姓貝

ナスビカサガイ

むかーしむかし、ある海辺になすび太郎という働き者の貝が住んでおった。なすび太郎は、岩穴の家の周りに畑をつくり、分泌した粘液を肥料にラン藻を育てて暮らしておった。「貝が百姓とは笑えるのう」。魚にからかわれても、かたぶつのこの貝は返事もせず、黙々と畑を這い回っては手入れをし、収穫した藻を食べておった。

ある日のこと、なすび太郎の畑に、流れものの貝がやってきた。

「こかぁー、おらの畑だでー、おめは出てけや」

「藻はー、だれのもんでもねえだで、おめこそ出てけや」

貝同士がなわばり争いの押しくらをしていると、通りかかった天敵のミヤコドリ、もっけの幸いと流れ者の貝をぱくりと食ってしまった。

「なまだぶなまだぶ…」なすび太郎は恐ろしさのあまり、ぶるぶる震えて念仏を唱え、もう必死の思いで岩にしがみついた。あきらめた鳥がいなくなっても、なすび太郎はというと、ずうっと岩にしがみついたままじゃ。まわりの貝が心配して声をかけたが、するとどうじゃろう。

「ひょうえええ。な、なすびどんがおなごになっとるぞ」

「しかもえらいべっぴんじゃあ」

そうなのじゃった。ナスビカサガイは、大きくなると雄から雌に性転換する貝なのじゃった。皆驚いて開いた殻がふさがらんかったと。

その後も、通りがかりの魚は、ナスビカサガイに声をかけていった。

「なすびどん…いや違ったおなすちゃん、精がでるのー」

けれど、やっぱりナスビカサガイは返事もせんかった。むっつりしてるのでなく、恥ずかしゅうてようあいさつもできんのじゃったとさ。

［ ナスビカサガイ ］

カルフォルニア海岸の潮間帯の岩場に棲む。軟体動物門腹足綱。体長最大90ミリ。岩を酵素で溶かし作った「家痕」を中心にナワバリを持ち、自らの粘液を肥料にラン藻を育て餌とする。潮の満ち引きに合わせ餌を取ったり帰巣したりする「帰家」行動をとる。加齢とともに性転換する。

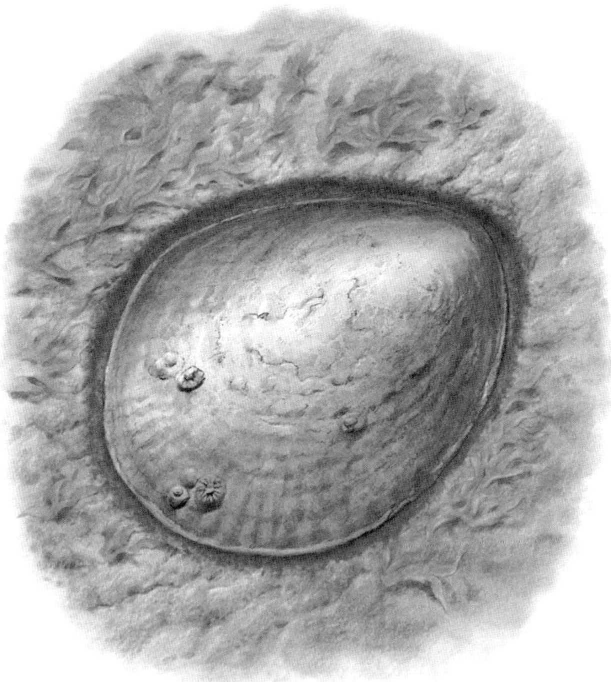

農業と性転換をする貝

小さいうちは雄となり、移動性を活かして雌を獲得。
大きくなって移動性が低くなると雌となり、雄の到来を待つ。
自分の受精卵をより多く持つための作戦なのじゃった。

©まんが日本貝話

お母さまがたへ

このナスビカサガイのお話は、「労働は尊い」「暴力は何も生まない」といった社会道徳的な教訓と、「農業をする貝がいる」「しかもその貝は性転換をする」という生物学的な知識がポイントとなっております。その点をよくお含み置きの上、お子さまにお聞かせ下さい。

ギャングのエコ事業

ダイオウグソクムシ

節足動物門甲殻綱等脚目スナホリムシ科…分類名を述べるより、**体長50センチ**、一抱えもある巨大なフナムシといった方が話が早いだろう。間違っても一緒にお風呂に入りたくない代物だ。

戦国時代の甲冑《かっちゅう》「具足」で装甲されたサンダーバード2号のような恰幅のボディはいかにも戦闘的で、ギャンググラサンの目つきもワルな、これぞ海の殺戮者といった威容だが、実際は生物の死骸を処理してくれる深海の腐肉食動物《スカベンジャー》。大王と名がつけど暴君でもなく、殺し屋でもなく、チムチムチェリーの深海掃除屋さんなのだ。

武士は食わねど高楊枝。この清掃の大王は、海よりも深い忍耐で飢えに耐え、死骸が降ってくれば高速で飛来、ヌタウナギなど他の清掃業者を牽制しつつ、高度に複合化したその顎ではらわたをこそぎ取り、肉を解体し、強力な清掃作業を展開する。あまりに作業に身が入りすぎて、ついには腹が膨れて動けなくなってしまうほどだ。漁網にかかったサメの腹部が異常に膨らんでいるのを不審に思い裂いてみると、はらわたの代わりにダイオウグソクムシの仲間、オオグソクムシがぎっしり詰まっていたという**愉快な出来事**もあったという。

かくして海はリサイクルが徹底し、死骸でさえも資源として有効活用され、海も浄化される。だが浄化できない缶やらビンやらペットボトルやらの人間ゴミは深海までをも浸食する。深海の掃除の大王も、こんなものにはグラサン越しに冷ややかな視線を投げるだけだ。そしてこういったゴミ容器は、得てして有機だの天然だの大自然の恵みだのを謳い文句にした商品だったりするのだ。

[ダイオウグソクムシ]

体長50センチほど。等脚類の中では最大の種。西大西洋、メキシコ湾などの水深200〜1000メートルの深海底に棲む。石灰海綿質の鎧状の外骨格を持つ。単独で行動し、死んだ鯨、魚、イカなどを餌とする。雌雄異体で、受精卵は無脊椎動物の中で最大のサイズ。

ディープ・シー・ギャングと呼びたい目つきの悪さ

3500の個眼で構成される複眼を持つ。日光に弱い。
攻撃を受けるとボール状に丸まる。

俄然として覚むるは人か海牛か

コチョウウミウシ

昔者《むかし》、荘周《そうしゅう》夢に胡蝶《こちょう》と為《な》る。栩栩《くく》然《ぜん》として胡蝶なり。その昔、荘周という男が夢で1匹の蝶となった。空を舞い、花と戯れ楽しい時を過ごすが、目覚めてふと思う。実は本当の自分は蝶で、今の自分は蝶の見ている夢ではなかろうか。古代中国の偉大な思想家、荘子の「胡蝶の夢」の逸話は、我々が絶対と信じている自己の存在というものに揺さぶりをかける、哲学的な寓話として有名だ。

だが彼の夢が胡蝶ではなく、胡蝶海牛《こちょううみうし》であったらどうだったろう。この生物は昔は巻き貝だったが、殻に閉じこもる人生にも飽きたのか、殻を捨て、それにも飽き足らずに翼を生やし、ついに「飛行」するまでになったウミウシだ。大海原をのんびりと舞い、コケムシやらヒドロ虫やらのご馳走も豊富な海中の暮らしは、せわしい蝶などよりもさらに穏やかで呑気そうで、荘周も夢から戻らなかったのではあるまいか。

だが、親の庇護さえない小さなウミウシの幼生は、その多くが動物プランクトンだの魚だのに食われてしまい、ここまでの成体になること自体が実は至難の業なのだ。ウミウシの夢を見ても人間と同じ競争の憂き目を見るなら、もはやどちらがどちらの夢でも変わりはない。人の夢に海牛為るか、海牛の夢に人為るか。「改革」なるものが進行し、経済的生存競争が自然界もたまげるほどに激しくなっていくだろうこの国で、一般庶民への経済的淘汰圧はさらに高まっていくだろう。人生が海底にまどろむ1匹のウミウシの夢であるなら、せめてもう少しいい夢を望みたい。

[コチョウウミウシ]

体長4.5センチほど。軟体動物門腹足綱後鰓目。インド洋、西太平洋に分布。ヒドロ虫などの刺胞動物やカイメンを餌とする。頭部の触角は臭覚器官。雌雄同体。翼に見えるのは側足が変化したもの。色は環境により、明るい緑色から茶色に変化する。オレンジ色の紐状の卵塊を産み出す。

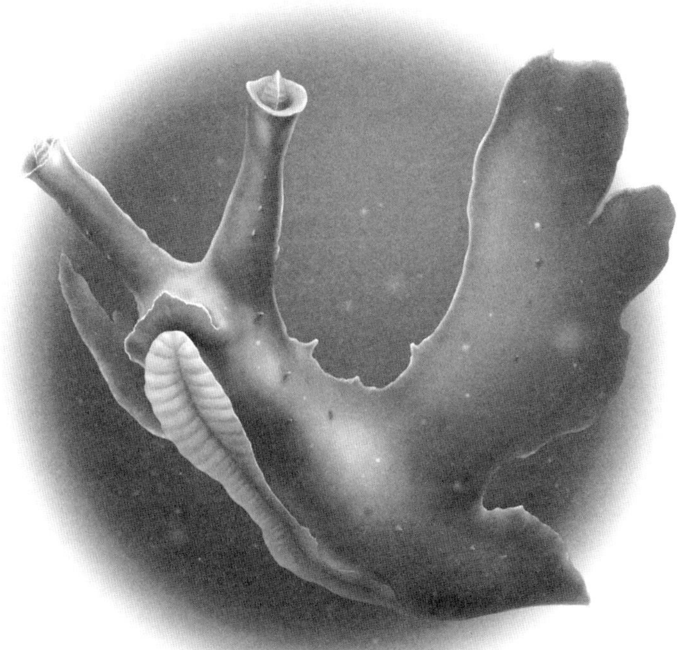

蝶のように舞うコチョウウミウシ

頭部の臭覚を持つ触角で餌を探知。状況に応じてそのセンサー部は
先端の吸盤状の部分に格納される。ビームを出すわけではない。

鼻は利いても目端は利かぬ

ホシバナモグラ

ナメクジが瞬時に消える。アリも甲虫もイモムシもぱっとかき消えてしまう。錯覚か？ ダーク大和のマジックか？ ホシバナモグラのシャッタースピードのような捕食はあまりに高速で、超常現象にさえ思える。

鼻先の「星」は「アイマー器官」と呼ばれる、微細な振動、圧力、材質などを感知する世界で最も精密な触覚センサーだ。ホシバナモグラはこのセンサーで接触物体が獲物か否かを**0.025秒**（25ミリセカンド）で判断、0.205秒で捕獲、合計0.23秒（230ミリセカンド）で平らげる。しかも触覚のみでの行動だ。加速装置を持っているとしか思えない。

「技能五輪国際大会」金メダリストの日本の技術者は、1000分の1ミリ精度という、精密工作機械もお手上げの金属加工をヤスリ1本でやってのける。日本のハイテクも、実は熟練した匠の技に支えられているのだが、アイマー器官の感度は、こんな微細な感覚を持つ人間の手のさらに6倍にも及ぶという。

ホシバナモグラはこの精密触覚で捕食効率を極端なまでに上げてきた。体の代謝が非常に高く、捕食がトロいとカロリー収支で赤字が出てしまうからだ。だが自然界において、売りが精密さだけでは厳しい。池や湖に出稼ぎに行き、**水中を泳ぎ回り**せっせと魚捕りなどもする。しかも冬眠なしの年中無休。進化過程で「カイゼン」を繰り返し、技術革新を成し遂げ、出稼ぎにまで行ってがんばってもようやくトントンの生活なのだ。働けど働けど我が暮らし楽にならざり。ぢっと手を見てもモグラなのでよく見えない。

［ ホシバナモグラ ］

体長20センチほど。北米の森林地帯、湿地帯などに棲む。昆虫、軟体動物、小魚などを餌とする。3～4月が交尾期で4月下旬から6月に出産。網目のようなトンネルを掘って暮らす。1年を通して活動、冬眠はしない。脳の大部分が触覚の情報処理に使われると考えられている。

1日に体重の25%の食料がノルマ

鼻先の22本のセンサーは常にピクピクと動き、世界を触覚で認識している。
トンネルネットワークを共有、ご近所づきあいも欠かさない。
繁殖期は一夫一婦制。

気になるぞ毛目玉

ミノアンコウ

「ゲゲゲの鬼太郎」の「髪の毛大戦」という話には「毛目玉」という妙な妖怪が登場する。妖怪「髪さま」の家来毛目玉は、「生《い》け贄《にえ》を100人よこし、24時間以内に村役場を明け渡せ」と村人に最後通達を突きつける。鬼太郎は自衛隊と共に駆けつけるが、隊員は全員髪さまにつるっパゲにされてあっさり退却。だが鬼太郎の働きで髪さまは消滅、めでたしめでたしゲゲゲのゲというストーリーである。

「毛目玉」は、目玉親父にふさふさの毛が生えたような妖怪で、ストーリーとは特に関係もなく、ねずみ男に小便をかけられてしまうほど弱々しい存在だ。何故人気者の目玉親父と酷似したキャラクターをわざわざこんな情けない悪役にしたのか合点がいかない。しかもこの毛目玉は別のエピソード「ベトナム戦記・鬼太郎サイゴンへ行く」には、「ベトナム在住の目玉親父のいとこ」として登場する。全く筋が通らない。毛目玉は何人もいるのか? この2つの話の毛目玉は、毛目玉といえど別の毛目玉なのか? 水木しげる先生は最盛期は殺人的に忙しく、唯一の楽しみは隣の柿の木を**数秒**眺めることだけだったというから、朦朧《もうろう》としたまま描いてしまったのかもしれない。他のメジャー妖怪に比べると取るに足らぬ毛目玉だが、「ケメダマ」という語感とあいまってどうにもこうにも気になって仕方がない存在だ。

ところでこのミノアンコウという魚はこの毛目玉にちょっと似ている。希少種でこれまで数個体しか捕獲されておらず生態も不明、従って何も書きようがない。このページにほとんど**毛目玉のことしか書かれていない**のは、そういった理由によるものである。

［ ミノアンコウ ］

全長15センチほど。アンコウ科ヒメアンコウ属。紀伊半島以南、琉球半島、東シナ海に分布。成魚は他のアンコウ類と同様の体型となるが若魚は全身を繊維状の皮弁に覆われ、浮遊生活を送る。「ミノ」はクラゲの擬態ではないかと考えられ、長いもので体長の2倍はあるという。

浮遊するミノアンコウ

最初に発見された時はクラゲに食われている魚ではないかと思われた。
水槽に入れると翌朝には死んでいたという。
それにしても本当に毛目玉とは何なのだろうか。

飼い犬は手を噛み、飼い竜は・・・

アホロテトカゲ

いやがるウーパールーパーをむんずとつかみ、思い切り引き伸ばしたかのようなアホロテトカゲは、南米・アフリカなどの熱帯に分布する手も足もないトカゲ、ミミズトカゲの一種である。地中に棲み、蟻などを餌にするという、ただでさえ珍しい爬虫類だが、アホロテトカゲはその中でも**前肢だけ**をもつという、さらに珍しいトカゲだ。

ミミズトカゲは餌の調達のため、蟻の巣近くに棲むことが多いが、南米のハキリアリに生物兵器として使われているといった報告もなされている。ハキリアリは葉で作った苗床に菌糸を植え、キノコ栽培をするという、人類より5千万年ほど前から営々と畑仕事をしてきた農業アリだが、外敵アリ撃退用にこのミミズトカゲを飼っているという。ミミズトカゲ類の学名はAmphisbaenia、古代ギリシャ神話に登場する「双頭の竜」を意味する。敵アリが襲ってくるとこの巨大な竜は始動、鎌首をもたげ、尾をうち振り、農業従事者などでは歯が立たない凶悪な外敵を次から次へとぱくぱくと平らげていく。戦闘専門の外敵アリもこの巨大生物にはなす術もない。ハキリアリはミミズトカゲを守護竜マンダのごとく崇め奉っているのかもしれない。

だがこの生物兵器、有事にはこの上なく頼りになる存在だが、平時にはぱくぱくと主人である**ハキリアリをおやつ**にしてしまうという。ハキリアリ女王もこれは「やむなし」と認めているらしい。軍備とやらは、愛する人を守るためとか何とかいった理由で必要だそうだが、そのコストは、結局一般市民の血税によって支払われるのである。

［ アホロテトカゲ ］

体長12〜26センチ。メキシコのみに生息。爬虫綱有鱗目ミミズトカゲ亜目。四肢のないミミズトカゲ類の中で、例外的に前肢のみがあり、そのかぎ爪で穴を掘る。アリ、シロアリなどの無脊椎動物を餌とする。卵生で一度に1〜4個の卵を産む。顎の骨を介して、音を震動でキャッチする。

つつくとミミズのように跳ね回るアホロテトカゲ
ミミズを食う「モノマネドリ」が間違えてつつき出してしまい、双方共に驚愕することがあるという。

Xの悲喜劇

フタゴムシ

水中を漂う微小な寄生虫、フタゴムシは夏になると活発化、コイやらフナやらの呼吸に乗じてその体内に侵入、鰓《えら》に寄生する。寄生に成功すればもはや**目玉は必要ないので捨ててしまう**が、万力のような吸着器で鰓に密着、生き血を好きなだけすすれる安定した生活を確保できれば、視覚など毫《ごう》も必要でない。

だが、安楽生活を手に入れたというのに、彼らは不可解な行動をとり始める。同じ鰓内にたどり着いた他の仲間を探し始めるのだ。0.1ミリに満たない彼らは広大無辺の鰓世界を三千里も旅し、ついに相手を見つけると体の一部はむくむくと隆起、一部はへこみ始め、互いのその凹凸をがっちりと組み合わせX字状に2匹が**合体**、物理的に融合した生物学的共白髪《ともしらが》と相成って、生涯を添い遂げるのだ。フタゴムシの属する単生類は自分の卵子と精子を自家受精させて繁殖するが、このフタゴムシは合体して精子交換をするので自家受精とも他家受精ともつかない。そしてこの1匹だか2匹だかわからない生物は魚の生き血を吸いまくり、成長しまくり、卵を産みまくり、おかげで魚は貧血となり、途中下車してベンチでぐったりだ。

寄生したフタゴムシが偶数で、皆仲良く添い遂げれば幸福だが、奇数の場合は1匹余ってしまうというのが哀しくも単純な数の論理というものだ。余ったフタゴムシは成長もせず、ひとりぼっちでセーターなど編みながら、まだ見ぬ相手を待って待って待ち続け、やがて蝉は鳴きやみ、枯れ葉は舞い、季節は巡り冬が来れば人知れず死んでゆく。寂しい、などという甘いものでない。孤独は死そのものなのだ。

［ フタゴムシ ］

コイ科などの淡水魚に寄生する。扁形動物門単生綱の一種。雌雄同体で、2つの個体がX字状に結合、合体虫体となって成熟する特異な発育形態を有する。合体した個体は2〜3年は生き続け、3月に産卵、6月に幼生が発生する。

学名の「*paradoxum*」はラテン語で「信じられない」の意

各個体が合体して成長するが、どうやってお互いを発見できるのかはわかっていない。
東京のナイス・デートスポット「目黒寄生虫館」のシンボルマークでもある。

北の海にぽちっとな

イボダンゴ

白玉ほどの大きさだがこれで一人前である。小さいヒレで懸命に遊泳、というより浮遊する。端的に言って泳ぎはヘタだ。こんなトロさと小ささで、厳しい海でやっていけるのか、波に簡単にさらわれてしまうのではなかろうか？　だが心配はない。イボダンゴの腹には**吸盤が1コ**ついており、この吸盤で貝にも岩にもコンブにもぴたっと吸着。荒波にもその吸着力と根性で立派に対抗する。

イボダンゴは繁殖期にもその根性を発揮する。普通の魚だったら何ということもないが、イボダンゴにとっては天竺《てんじく》にも匹敵する遠い道のりを旅し、浅水域にたどり着くと、貝殻に卵を産みつける。そして雄はまだ見ぬ子供たちを守るため、果敢にも飲まず喰わずで卵に付きそう。その勇気と忍耐には敬意を払うべきで、「こんなちっこいのがいたところでさー」などという正直な感想を口にしてはいけない。雄は卵が孵化する頃にはその命を終えるのだ。

イボダンゴ類が産卵するといわれる知床は、2005年に世界自然遺産となった。喜ばしいことだが、この先「知床よいとこ一度はおいで」の宣伝が増えれば「自然が好きです」な人たちは歓声と共に押し寄せ、おきまりの「マナーに欠ける観光客問題」が立ち上がるかもしれない。ＩＵＣＮ《国際自然保護連合》と漁業関係者の対立もすでに始まっている。

富士山が世界遺産になれないのはゴミと商業施設のせいであるともいう。この知床の自然遺産を守るか食いつぶすかは、我々次第だ。知床の生物、イボダンゴも人類の宝。捕まえて壁にくっつけたり、ミニミニふぐ提灯などを作って売りつけたりしたら銃殺ものだ。

［ イボダンゴ ］

体長3センチほど、中には13センチに達する個体も。カサゴ目ダンゴウオ科。底生性で、多毛虫類、軟体動物などを食べる。北極圏、北大西洋の冷水域、日本では北海道太平洋岸、オホーツク海などに分布。12～6月にかけて産卵のため長旅し、浅水域で産卵する。生態は不明点が多い。

吸盤でくっついちゃうぞイボダンゴ

粘着性のある赤色の卵を、巻き貝の貝殻の中に200個ほど産みつける。
その後は雄が卵を守る。

こんなイタズラはだめ!

哀愁と騒音のハーモニー

インドリ・インドリ

出来の悪いクマの着ぐるみのようだが、樹上で果実や葉を食べて暮らす原猿の一種である。日が昇ると群れのナワバリ主張のため一斉に鳴き、その声は朝焼けに染まる哀愁のハーモニー…というと聞こえはよいが、実際は不幸な豆腐屋が嘆きのあまりやけくそに吹き鳴らすラッパのようで、周波数750Hz、周囲3キロに轟く大音響。周辺住民動物にとっては嘉手納基地なみの大迷惑だろう。

だが彼らは、槍を空中でつかみ狙い違わず投げ返し、死者の魂をも宿す不死身で神聖な動物とされてきた。無論伝説だが、木から木へ**10メートル**にわたって跳躍するという大技を日常的に行うあたりは、やはり神秘的能力を持っているかのように思える。

インドリ・インドリをはじめ、「アイアイ」だの「シファカ」だの、妙てけれんな連中が棲むマダガスカル島は固有種が生息動物の80%を占める、よその惑星のような特異な生態系をもつ。だがこの国は、世界の最貧国のひとつであり、貧困ゆえの焼き畑、森林伐採などで、自然林の80%は消失、動物個体数も減少している。地域開発と環境保全の両立策が急務とされており、2005年7月に英国で開かれたグレンイーグルス・サミットでは、これら最貧国への対外債務の免除が決定されたが、「バケツに1滴の水に過ぎない」との批判もある。

インドリ・インドリの名は現地の人の「そこにいる!《エンドリナ!》 そこにいる!《エンドリナ!》」という叫び声に由来するというが、こういった貧しい国々の上に先進国がどっかりとあぐらをかく構造貧困の問題が解決せねば、この動物も遠からずそこにもどこにもいなくなってしまうかもしれない。

[インドリ・インドリ]

体長60センチほど。霊長目原猿亜目インドリ科。アフリカ南東のマダガスカル島北東の森林のみに生息、木の葉や果実を餌とする。樹上生活者であり、常に2〜6頭のグループで行動、鳴き声でナワバリを主張する。他の土地の環境には順応できない。5〜8月にかけて1頭の子を産む。

一夫一婦制、カカア天下のインドリ・インドリ

マダガスカルのペリネ自然保護区に多く棲む。群れの中では雌が格上。
同地への「エコツアー」は経済協力策として有効かもしれないと考えられている。

頭隠して尻で撃退

シリキレグモ

トタテグモ類は穴で獲物を待ち伏せるタイプのクモだが、その穴には種によって様々な外敵攪乱《かくらん》用の偽装──非常口、隠し部屋、居留守を装うダミー穴底など──が施されており、糸を引くと石が落下、居住区を覆い隠すというからくり仕掛けまで施す種もいる。

シリキレグモはかように防備に神経質なトタテグモ類の一種ではあるが小細工は弄さず、穴の中でケツを上向けてふんばり、自らが栓となって敵を閉め出すというダイレクト過ぎる防御法をとる。彼らの**尻は装甲板と化しており**、穴は強固な城門で閉ざされることになる。いささか矛盾した言い方だが、「捨て身の防御」であり、その尻の城門は、人間がナイフでほじくっても抜けないほど強固だという。

彼らをこれほどまでに恐れさせる一番の敵は強大な動物でなく、ちっぽけなジガバチだ。この寄生性の昆虫は、クモ穴に侵入して麻酔針を一撃、麻痺させたクモに卵を産み付ける。幼虫が孵化すればクモは生きながら徐々に喰われていくという生き地獄を体験するわけで、尻まで装甲する気持ちもわからぬではない。

『鏡の国のアリス』には、アリスと「赤の女王」が「その場にとどまるために全力疾走」する場面がある。生物は、獲物や敵と軍拡的進化をし続ける事で存続のバランスを保っている、という仮説はその逸話にちなみ、「赤の女王仮説」と呼ばれる。シリキレグモの尻装甲もジガバチとの生物学的軍拡によってもたらされたものかもしれない。楯と矛は未来永劫競い合うのだ。そして自然の摂理なるものは、この何万年にも及ぶ深刻かつ滑稽な競争を、チェシャ猫のようにニヤニヤしながら見ているのかもしれない。

[シリキレグモ]

トタテグモの一種。体長（頭から尻まで）雄は1.9センチ、雌は3センチほど。米国のジョージア州、テネシー州などに生息する貴重種。トタテグモ類は地面の縦穴に潜み獲物を待ち伏せ、マンホールのような蓋で敵の侵入を防ぐが、シリキレグモはその上さらに自らが「生きた楯」となる。

ケツを締めてケツで閉め出せ

腹端部の装甲は放射状の溝でその強度を強めているが、
中央に何故か人面のような構造物がうかがえる。

愛の逆さ吊り

マダラコウラナメクジ

マダラコウラナメクジの愛の交歓は、あまりに官能的かつスリリング、隠微かつ幻想的で、「芸術的情交」とでも名づけたくなる。

長さ20センチに至る、ふてぶてしいほど巨大なこのナメクジは、繁殖期になると連れ添う2匹が50センチに及ぶ粘液の糸を繰りだし、逆さ吊りになる。そして吊られたまま、銀の粘液に光る肌を寄せ合い、絡ませ、よじらせ、身悶えしつつ互いにその身を溶け合わせる。

するとどうだろう、2匹の体からエクトプラズムのような妖しの物体がにじみ出てくるではないか。これが彼らのペニスだ。巨大にふくらんだ2匹のペニスは、**プロペラ**のように、**渦巻き**のように、そして相手をまさぐる恋人たちの手のように変幻自在に形を変え、ねっとりと舐め合い、溶け合い、互いに精子を交換する。彼らは雌雄同体生物であり両性具有者。彼らの異次元の愛の前には、雄雌の別などという低次元の事柄は問題ではない。さらにペニスの長さが**85センチ**にも達し、うっかりするとこんがらがってしまうという近縁の種に至っては、芸術も通り越し、もはや爆笑コントである。

だが愛の時間が濃密であるほど、その後は味気ないのが常だ。互いの精子で受精を終えた2匹は、地面にボテボテと不格好に落ち、サヨナラも言わずに別れると、真珠のような卵を産む。精子の交換が終わった途端、情熱の恋人たちは母に豹変するのだ。

だが、この軟体動物の激しい愛のひとときは、どの生物のそれよりも濃く、甘く、刺激的には違いない。そしてそのバックには映画『男と女』のムーディーなテーマ曲が流れているのは言うまでもない。

［ マダラコウラナメクジ ］

体長10〜20センチ、まれに30センチ。軟体動物門腹足綱。夜行性で落ち葉、死肉、地衣類などを食べる。ヨーロッパ、アジア、アメリカ西部の森、山腹などに棲み、湿った気候を好む。「卵精巣」を持ち、雌雄同体。卵、または幼生は土中で冬を越す。寿命は最高で3年。体の右側に呼吸孔を持つ。

愛の行為は2時間ほどで終了

BGMは「ダバダバダ…」でおなじみ、「男と女」（フランシス・レイ作曲）。
マダラコウラナメクジは嗅覚に優れ、学習能力もあると言われている。キュウリが大好き。

ペットがくれる癒しと虫

ネコカイチュウ

ねえさん、最近タマを猫かわいがりしてるね? 升男さんと何かあったの? 度を超えてペットに密着するのはよくないよ。人畜共通感染症といって猫や犬の寄生虫が、まれに人にうつる場合もあるんだ。寄生虫が体内を移動する「幼虫移行症」ってのになるらしい。

…タマをぶん投げちゃだめだよねえさん。まあ落ち着いて。過度の接触は避けて、普通に手を洗って掃除して、一度薬をあげればまず心配ないよ。以前、砂場のフンから子供が感染して失明するって騒がれて、お役所は公園の砂に**火炎放射**したり、抗菌砂なんてものを入れたりしたんだって。でも砂場の感染自体割合が低いし、失明するような重症例は過去日本ではほとんどないんだ。だから多良ちゃんだって砂場で遊んで平気さ。むしろねえさんみたいにやたらとチューしたり口移しで餌あげたり一緒に寝たりする、過度のスキンシップのほうが問題だよ。あと鳥のレバ刺しとか生肉がよくないみたい。居酒屋によく行く父さんや糊助おじさんの方が危険ってことかな。

うつったとしても重病にはほとんどの場合ならないし、不顕性《ふけんせい》感染といって、たいがいは症状にさえ出ないしね。でも万が一ってこともあるからペットとは適度な接し方がいいのさ。実はタマに駆虫薬飲ませたんだ。出たネコカイチュウがこれだよほら。あれ。ねえさん。ねえさんてば。あれれねえさんの顔の上で星が回ってら。ねえさんいつもぼくを叱ってばかりだし、この際だから仕返ししちゃおうかな。ねえさんの鼻の穴にネコカイチュウをこうして…ふっふっふ。おい勝男、何やってるんだ? あ! お父様! いえアノ、何でもないです、はいぃ…。

[ネコカイチュウ]

体長、雌で4～12センチ、雄で3～7センチ。線形動物門に属する。餌、母猫の授乳、齧歯類などから子猫に感染、小腸で発育し、数週間で産卵。寿命は6～7ヶ月。猫は嘔吐、下痢、腹部膨満などの症状が現れる。ヒトの子供に感染すると、土などを食べる「異味症」を生じる場合も。

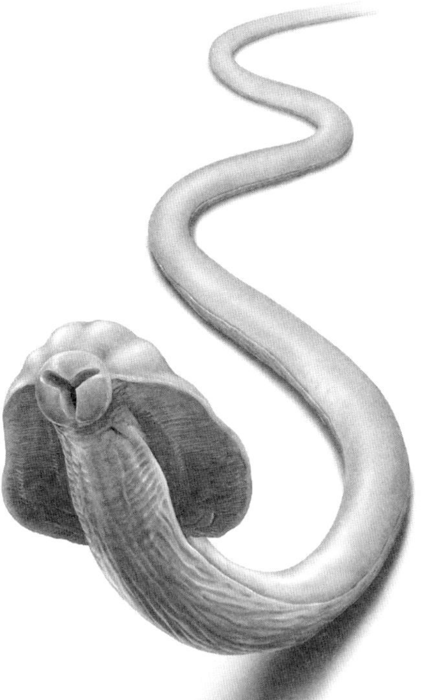

翼状突起「頸翼《けいよく》」を有する寄生虫

三叉状の「口唇」内には鋸歯状の歯が数百並んでいる。
どうしてこのような形態なのか、回虫博士こと東京医科歯科大の藤田紘一郎教授にお聞きしたところ「サー知りません」とあっさり言われた。

過度に恐れる必要はない

何やこらフナ文句あんのんか

ジャンボタニシ

青い稲がそよ風になびく、京都は久御山《くみやま》町の水田地帯に、昨年春、突如、毒々しいピンク色のスジコ状物体が発疹のように広まった。このたおやかな田園の光景にはあまりに異質、外宇宙生物の襲来か新種の伝染病に思えたこの物体は、ジャンボタニシの卵であった。ジャンボなタニシだからジャンボタニシ。頭悪そうな名前だが、この生物にはぴったりだ。殻は5センチに達し、動植物問わず、死骸、段ボール、果ては仲間まで食う超雑食性、いたいけな稲の幼苗も遠慮会釈なく食い荒らす。日本の春の小川にはおよそ不釣り合い、その巨大さと貪欲さでドジョッコだのフナッコだのの眉をひそめさせ、図々しくも、鰓《えら》と肺の両方を持つ、水陸両用の大型巻き貝である。

ジャンボタニシはそもそも南米産の移入種である。その昔**「淡水サザエ」**と称して販売されたが、当然売れず、業者は倒産。用済みとばかりに捨てられた彼らは、たくましい繁殖力で増えに増えたのだ。

本来、生態系は外来種侵入、自然災害等で変貌していくものであり、長期的に見ればこういった生態系の攪乱も自然の出来事とも言える。だが可愛いタイワンリスやビンビンのファイトを約束するバス、カッコいい外国産クワガタなどの人為的移入種は、生態系、というより「人が生態系から受ける恩恵」の方を結果的には食い荒らす事になるかもしれない。そして殲滅《せんめつ》を叫んでも、もはやそれは不可能だ。

邪魔者のジャンボタニシは水田の水位操作により「無農薬除草機」として使えることがわかってきた。バカとタニシは使いよう、殲滅以外の道も見つかったわけだが、無論必ずこうなるとは限らない。

[ジャンボタニシ]

標準和名スクミリンゴガイ。軟体動物門腹足綱の淡水性巻き貝。南米原産の移入種で、雑食性。雌雄異体で、8～9月にかけて数日間隔でピンクの卵塊を産生する。年間総卵数は2400から8600にも。食用に輸入されたものが野生化、稲などに食害を及ぼしている。

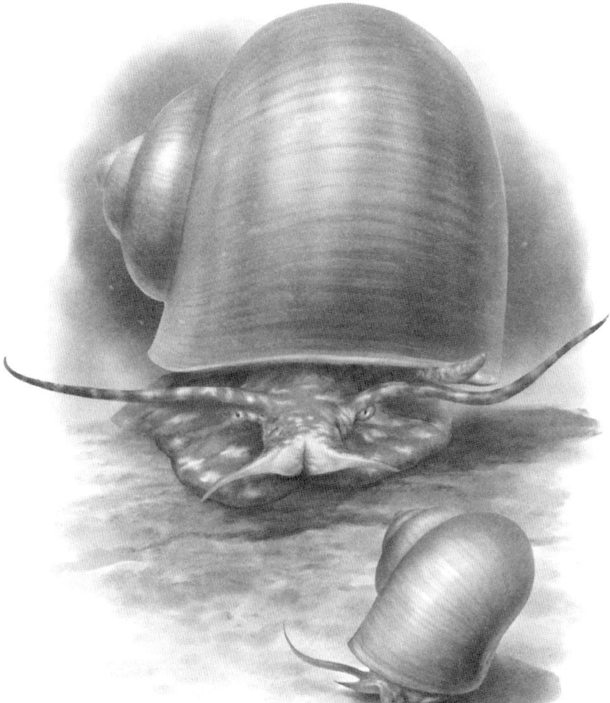

電気グルーヴの曲でもお馴染みのジャンボタニシ

手前は普通のヒメタニシ。奥がジャンボタニシ。
京都では高齢者雇用も兼ねた駆除隊を結成、3時間で50キロも捕獲したという。

みにくいかわいいこわいかわいい

スキニー・ギニア・ピッグ

ぼくの名前はスキニー・ギニア・ピッグ。突然変異で毛が抜けちゃったモルモットの一種さ。人間は「なんてみにくい動物だろう、でも毛がないから実験動物として最適だ」なんて言ってぼくらを大量生産したんだ。でも捨てる神あれば拾う神あり。こんなぼくらのことをかわいいって言ってくれる人がいて、ペットとしての道が開けたんだよ。こういうのを死中に活を求めるっていうのかな。それとも芸は身を助けるかな。どうして小動物がこんなしぶいことわざを知ってるのかな。

今ではペットとしての地位ができたけれど、サルファマスタードガスを皮膚に噴射されて皮膚炎や浮腫を起こしたり、フロインド不完全アジュバンドを皮下注射されたり、化学刺激物に対する接触過敏性反応を調べられたりするのがぼくらのほんらいのお仕事さ。

本当は、ぼくらだって野生でのびのび生きたいさ。でもこういう生い立ちだもん。腹くくりました。ペット道、極めたいと思います。そこの疲れたお父さん、寂しいOLのおねいさん、心安らぐスキニーはいかが？　小首、かしげちゃいますよ。うるうる目で見つめちゃいますよ。臭いだって少ないし、抜け毛もないし、神経質なお姑さんがいても大丈夫。チワ公みたいな贅沢も言いません。それにしても人間てのはどうしてこうも癒されたいのかな。みんなみんな疲れた顔をしているね。まあ決めた道だから、癒して癒して癒しまくるけどね。

あ、そこの今にもネット自殺しそうなお嬢さん、ぼくをいかがでちゅか？　かわゆいでしゅょ。車輪だって回しちゃうですよー。ほーら、くるくるくるくるくるくるくるくる！　おえええええ。

［ スキニー・ギニア・ピッグ ］

体長10〜15センチほど。齧歯目（げっしもく）テンジクネズミ科。無毛モルモットとも呼ばれる。南米原産。植物、昆虫などを食べる。寿命は7年ほど。雌の妊娠期間は60〜80日で、2〜4頭の子供を産む。カナダで実験用モルモットから突然変異でできたものがアメリカで生産された。性格は臆病。

臆病で寂しがりの性格をもつ社会性動物

モルモットはもともと古代インディオが食用に家畜化したもの。
発情期以外に雄が近づくと雌は後ろ足で蹴り飛ばす。

去りゆく沼のヌシ

オオウナギ

沼や池に年古く棲むもの、それらは大抵「ヌシ」と呼ばれる。そしてこのヌシはオオウナギである確率が高いのではなかろうか。

日本産ウナギは、ニホンウナギとオオウナギの2種あるが、このオオウナギはウナギといえど、**体長2メートル、胴回り40センチ、体重20キロ**を超える化け物だ。手から滑らせて「おっとっと」などという真似はとてもできない大蛇のような代物で、日本や韓国では天然記念物にもなっている。近畿地方のある町では、側溝に住み着いたオオウナギをご近所で世話しているという。

ウナギ類は、遥かマリアナ諸島海域に旅をして産卵する降河回遊魚である。そこで生まれた、親とは似ても似つかぬ「レプトケファルス」と呼ばれる透明の葉のような不思議な幼生は、「シラスウナギ」と呼ばれる稚魚時代を経て成長、黒潮に乗って里に帰ると、急流も障害ものともせず河を遡《さかのぼ》る。「うなぎ上り」たる所以《ゆえん》である。そして成魚となり、あるものはヌシに、またあるものは鰻丼やら鰻重になる。

シラスウナギの主産地フランスでは、中国向け輸出が加熱、乱獲で漁獲高は激減した。環境問題など気にせず美食追求とはさすが食の大国と思いきや、彼らの目的はそのウナギを蒲焼きにして日本に輸出することだった。日本のウナギ消費量はケタはずれなのだ。

鰻《うなぎ》業界では、鰻に感謝する「鰻供養」の日をもうけているという。情に厚い日本の職人ならではの風習だが、先進国の乱獲が続けば供養する鰻もいつか消えてしまうかもしれない。オオウナギも最近ではとんと見られなくなったという。ヌシは去ってしまったのだろうか。

[オオウナギ]

体長2メートルを超える。蛙、昆虫、水棲無脊椎動物などを餌とする。成魚は太平洋を下り、マリアナ諸島西方海域で浮遊性卵を放出、幼生はレプトケファルス（葉型幼生）段階を経て、成長しつつ黒潮に乗り北上、河口から遡上する。食用には向かない。寿命は20年とも言われる。

側溝はまさにウナギの寝床
長崎県野母崎ではオオウナギの住む井戸が公開されている。
「蒲焼き百人前!」などとはしゃぐやつが必ず出るが、食用には向かない。

遠吠えは聞こえない

イヌ

「変な生き物とは何か?」と動物界に問えば、「イヌ」という答えが返ってくるのではなかろうか。タイリクオオカミという雄々しい先祖を持ちながら、4千年以上昔から人間などに正直かつ忠実に仕え、300種類にも品種改良された上、狩猟、牧羊から警報、捜査の役までこなし、挙げ句に海岸で飼い主とフリスビーをやるに至っては、多くの生物は外人肩すくめポーズでため息まじりに首を横に振るだろう。

現在は空前のペット犬ブームだという。社会がへたると、権威者や人気者を褒《ほ》めそやす一方、敵を作ってぶっ叩き、異端と見るやこきおろすようになるのが世間一般の心理だそうだが、一方で心も寂しくなる。でも子供なんか持つのはちょっと不安。かくして愛らしい小型犬は高値で買われ、大抵の場合「チャッピー」と名づけられ「家族の一員です」となり、ブランド服を着せられアルバムに載るようになる。

だが「愛情」は「愛玩」である場合も多い。大きくなった、糞をする、鳴く、同棲相手が犬嫌いといったご家庭の事情で「家族」の多くは捨てられている。「いい人に拾われな、ネ」といって「自然に帰され」たイヌは、いい人の代わりに捕獲巡回車に拾われ、「動物管理センター」に送られる。そしてこれらの「不要犬」は動物愛護法18条、狂犬病予防法6条により、麻袋に詰められ、「ドリームボックス」と呼ばれるガス室で殺処分される。その数は全国で年間**16万頭**に及ぶ。

多くの犬は、飼い主に再会することなくガス室で死を迎える。致死濃度に達した炭酸ガスで絶命する刹那《せつな》、この馬鹿がつくほど正直な動物の脳裏に浮かぶのは、飼い主の笑顔なのかもしれない。

[イヌ]

イヌの先祖は1万4千年ほど前に中東アジア地域で生まれたと考えられている。イヌ科の動物は35種いるが、氷河期の終わり頃オオカミを人間が家畜化したという説もあり、ディンゴが飼い犬の祖先という説もある。聴覚・臭覚が鋭く、忍耐強く、適応能力が高い。

犬猫の疑似家族化が進む一方、飼育放棄の問題が

こういった殺処分は、市民モラルの反映とも言われる。
日本獣医師会では、飼い主特定のための名札チップの埋め込みを行政に働きかけている。
尚、処分場の裏には、大抵慰霊碑が建っている

ツラで判断するな

シロワニ

ワニと名づけどワニではない。サメの仲間である。狂気を秘めたその瞳に巨大なる体躯。顎には五寸釘を乱れ打ちしたかのような乱杭歯《らんぐいば》。雄は雌に噛みつき、雌は傷だらけとなりながら交尾、そして胎生の雌の腹の中では、一番先に孵化した胎児が、他の兄弟姉妹を**子宮内で共食い**して成長する。

こう書くと、残忍非道な人食いザメのようだが、**性格はいたって穏和**、主な餌は甲殻類で人など襲わない。また好奇心が旺盛らしく、ダイバーに近寄ってきてしげしげと眺めたりもする。ある研究者はその様子から「巨大な子犬」などとも呼んだ。しかしこの「子犬」は、その凶悪なご面相から「危険種」のレッテルを貼られ、生息域のオーストラリア近海では漁師やスポーツダイバーに多数が殺された。

世界で370種ほどいるサメのほとんどは2メートル以下の無害な存在だ。だが『ジョーズ』以降、ジュラシックジョーズだのジョーズパニックだのといったサメ映画は100万本も作られ「凶悪な敵」のイメージは定着、その誤解から殺戮されたサメの数も相当数になるだろう。もし輪廻転生が本当なら、S·スピルバーグ監督は来世に1頭のアシカとなり、ホホジロザメに八つ裂きにされるかもしれない。

個体数の急激な減少に、1984年にオーストラリア政府は保護種に認定、シロワニは法律で保護される最初のサメとなった。現在、オーストラリアにはシロワニと泳げるダイビングスポットがいくつかある。そこで潜れば「サメの海で泳いだぜ」という嘘偽りのない報告で男の株を急上昇させる事も可能だろう。実際はそれが子犬だとしても。

[シロワニ]

体長3.6メートルほど。軟骨魚綱ネズミザメ目オオワニザメ科。東太平洋、大西洋沿岸（南米、ブラジル南部、ウルグアイ、アルゼンチン）など温暖水域に広く分布。甲殻類や魚を餌とする。交尾は10〜11月。胎生で、雌の2つの子宮内で胎児が共食いをして育つ。仔ザメは1メートルほどに達する。

凶悪な面相だが性格は穏和

空気を呑んで胃に入れて浮力を保つ。
ある学者が解剖中に「子宮に噛まれた」ことから胎児の共食いが確認された。

お釈迦さまと鳥のお話

ナンベイレンカク

ある日、お釈迦さまが睡蓮の上を歩いておりますと、雄のくせに卵を抱く鳥が蓮に浮いておりました。不思議に思い尋ねると、鳥は答えます。「はい、私どもは一妻多夫制の鳥類、妻が複数の夫を支配し**男ハレム**を築きます。妻は夫を取り替え、65回交尾して卵を産みますが、その世話は夫らに丸投げなのです」。お釈迦さまは首を傾げます。するとその卵はお前の子種ではないかもしれないね？「はい。でも本当の子も中にはいると信じています。他の夫たちも同じでしょう。どこかに自分の遺伝子が受け継がれているという希望があるからこそ、こんな生活にも甘んじていられるのです」。お釈迦さまは肯《うなず》きました。ちょっと奇抜ですが、案外ここは平和な楽園かもしれません。

ああ、でもやはり自然界に楽園はないのです。妻が領地偵察で留守の間に、大きな雌が雄を誘惑しにやってきました。このハレムを奪おうと企むはぐれ者の雌です。でも卵をもつ雄はそんな気になりません。すると雌は雄を押しのけ、卵を嘴《くちばし》で割ると、こんにちは赤ちゃんをするばかりの、まだピヨとも言わぬ雛《ひな》を卵から**ずるりと引きずり出し**、水曜の可燃ゴミより無造作に投げ捨ててしまいました。雄は羽を広げ、弱々しく抗議しますが雌は全く無視です。そして結局この雄は雌に強引に寄り切られ、交尾をさせられてしまいました。

一部始終をご覧になっていたお釈迦さまは、ああ、これが自然というものだ、この野放図さと浅ましさこそが生命というものの本質なのだと悟りました。そして、少しだけ悲しそうなお顔をなさると、蓮の葉の上を静かに去ってゆかれたということでございます。

［ナンベイレンカク］

コウノトリ目レンカク科。アフリカ、南米など熱帯地方の淡水湿地に棲み、睡蓮の葉を巣とする。魚・昆虫などを餌とする。雌は大抵は1～4羽の雄を従え、1回に4つの卵を産み、雄が雛の養育をする。より大きい雌がより多くの雄を所有する傾向にある。短い距離しか飛ばない。

大きな足で体重を分散して睡蓮に浮く

危険が迫ると、雄は鳴いて自分よりひとまわり大きい雌に助けを求める。
多くの若い雄を従えれば、雌の繁殖成功率は高まるが、その分ナワバリを奪われるリスクも。
「ケッケッケッケッケッ」と鳴く。

凍る蛙に茹で蛙

ハイイロアマガエル

深い穴も掘れず、呼吸を止め水底で眠る訳にもいかず、冬期には凍死する他ない状況に追い込まれる北米のハイイロアマガエルは、厳しい寒さを前にある覚悟を決める。**自らを凍らせて**しまうのだ。

無論、死を選んだわけではない。勝算があるのだ。ハイイロアマガエルは冬眠時に体内で作ったエチレングリコールを肝臓で高濃度のブドウ糖に分解、不凍液にして体内を循環させ氷の結晶化を阻止、細胞を保護する。蛙の水分のうち65%は凍結してしまうが、内臓や血液は凍らない。自らを氷に閉じこめ逆に凍結から身を守るのだ。ぬるま湯の日常に思考も停止、決断も決定もできずボンヤリと日々過ごす「茹で蛙《がえる》」には真似ができぬ、合理的かつ勇気の決断だ。

この気高き覚悟を持った蛙が、遺伝子組み換え作物用農薬の影響で急激に減少しているという報告がピッツバーグ大学の研究者からなされている。作物の遺伝子操作は、別に味を良くするためになされる訳ではない。化学除草剤を大量に使い収穫効率を上げる為、薬を被っても弱らないよう、作物に強力な除草剤耐性を与えているのだ。皮膚の敏感な両生類に対する農薬の影響は甚大だという。

この報告に対し、メーカーは、「この実験は当社製品の正しい適用法を反映しておらず云々」等の反論を行った。御用学者を使えば難しい事ではない。科学は金で買えるのだ。これに対し研究者は再反論を行っているが、そんなやりとりが続くうちにも、ハイイロアマガエルの震える笛の音のような歌声は、日増しに細く弱くなっていく。

［ ハイイロアマガエル ］

体長6センチほど。北米東部、水の近くの森林に棲む。小昆虫などを餌とする。繁殖期は5月初旬から6月下旬。夜行性で、体色は温度によって変化する。オタマジャクシは浮遊植物などを食べ、3年で成熟する。岩、丸太の下で凍結保護物質により体の氷結を阻止して冬を越す。

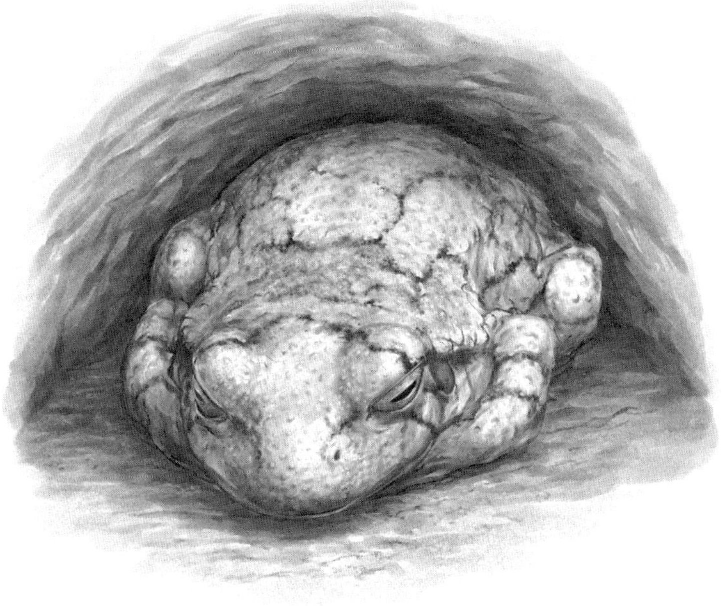

「凍結」モードに入るハイイロアマガエル
凍結保護物質のブドウ糖は細胞のエネルギー消費を抑える役目も果たす。
そして春がくると自動的に「解凍」される。

御前交尾試合《おんまえこうびじあい》

ヒラムシ

殿。本日試合を行うは扁形動物《へんけいどうぶつ》のヒラムシ、交尾の際は互いに争い、己の**陰茎で相手の背や腹を刺し**、精子を強制注入いたさば勝ち、負ければ注入されし精子にて受精、産卵に及ぶという両性具有生物にござります。何。すると勝てば父、負ければ母になると申すか。御意。うむ、雌雄を決するとはまさにこの事。存分にいたせい。

お上の御前にて、得物を青眼にかまえ、一刀で受精させてくれぬとばかりの気迫をもってじりじりと間合いを詰めるは海牛新陰流《かいぎゅうしんかげりゅう》の猛者、平扁左右衛門《たいらへんざえもん》。対するは二天一海流《にてんいっかいりゅう》の遣い手、渦虫小太郎《うずむしこたろう》。「参る」。言うが早いか扁左右衛門、裂帛《れっぱく》の気合いと共に打ち込めば、まともに斬り結んだ者もなしと言われるその打ち太刀《たち》の容赦のなさ、哀れ小太郎一太刀で斬り伏せられるかと思いきや、旋風を巻きすらりとかわす。空に流れた太刀を一閃、つばめ返しに斬り上げれば小太郎その刃筋を避け、間合いをとるも剣尖《けんせん》を垂れ凝然と動かない。扁左右衛門、苛立ちもあらわに猛然と三段突きを繰り出すが、小太郎その太刀筋を予見するかの如くしのぐ。その動きの静かなること月のごとし、小太郎剣禅一如《けんぜんいちにょ》の境に至り、相手が剣尖をわずか浮かせたその刹那、風のように舞い、凄絶の気迫で繰り出される太刀筋を悉くしのぐと、白刃の下をかいくぐり、転瞬の間に斬りつけ──刹那──、剣は扁左右衛門の胴を薙《な》ぎ、精子を送っていた。それまで。家老の声が飛ぶ。うぬ、小太郎。拙者の負けじゃ。うぬがごときに受精させられるとはこの扁左右衛門、一生の不覚じゃ。不覚だわ。不覚だわーん。やだ、卵産みたくなってきたわ。あなたの卵よ。いやんもう小太ちゃんたらあ。ばかばかばかあ。

［ヒラムシ］

体長数センチ。扁形動物門渦虫綱ヒラムシ目（多岐腸目）に属するものの総称。インド洋、西太平洋の熱帯水域全域に分布。小規模の集団でいることが多い。稚貝などを餌とする。雄雌の生殖器官を持つ両性具有の生物で、交尾相手にペニス突起で精子を注入。幼生は透明、繊毛で泳ぐ。

愛の戦いに敗者は傷つくも、24時間で完治

体の上部に2本あるのがペニス突起。相手の攻撃をかわす「立ち上がり」行動をとることが多い。
ペニス突起で精子注入する行動はニセツノヒラムシ科の仲間で報告されている。

海底の自縛霊

メガネウオ

［ 今週のお悩み ］ 結婚8年目の主婦です。先日伊豆にダイビングに行ったら、海底で恐ろしい顔の悪霊が舌を出して睨んでいるのを見ました。誰も信じてくれませんがそれ以来私は呪われているんです。悪いことばかり続くんです。長男は有名私立小学校の受験に失敗しました。主人の携帯メールから浮気が発覚しました。お隣のご主人が課長に出世しました。ストレスが溜まりお酒を飲んだら10キロ太りました。パチスロの負けもいまだに取り返せません。メールを出しても無視されます。ヴィトンを買ったらニセモノでした。姑の言うことはすべて嫌みかあてつけです。向かいの奥さんは犬を使って私を監視しています。絶対悪霊の祟りに違いありません。海難事故で死んだ人の自縛霊が憑いているからお祓いが必要だと有名な霊能者に言われました。祈祷料37万円、ローンも可だそうなのですが、やはりお願いすべきでしょうか。

東京都中野区　Lonly Nyanko　41歳

［ お答え ］ Lonly Nyankoさん。あなたが海底で見たものは、悪霊ではなく、スズキ目ミシマオコゼ科のメガネウオという魚です。砂に潜って顔を出し、舌状突起をゴカイのようにくねらせて小魚を誘って餌とします。**魚なので祟りません。**ダイビングでこんな魚を見られたことは、むしろあなたは幸運だったのです。あなたのお悩みはすべてあなたご自身が生みだしていることに気づくべきでしょう。憑き物を落とすより、生き物を愛でる心が今のあなたには必要です。

［ メガネウオ ］

全長30センチ。太平洋、インド洋西部、日本では本州中部以南、水深100メートル以浅の砂れきに生息。砂に潜り、舌状突起をくねらせて獲物の小魚を誘う。鋭い歯と、肩にあたる部分に毒棘を持つ。初夏から盛夏にかけてが産卵期。仔魚は全長1センチになると底生生活に移行。

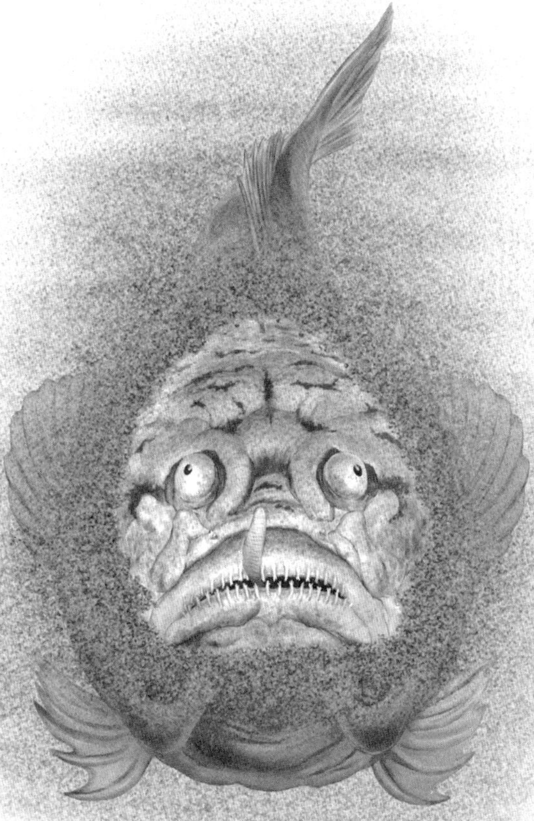

砂に潜り顔だけを露出

その姿形から英語ではSTARGAZER（星を見る者）と呼ばれる。
しかしこんな形相で睨まれては、稲垣足穂的に言うならお星様も大迷惑であろう。

こういうものはいません

昆虫界の死ね死ね団

オオスズメバチ

我が国の、世界最強にして最凶の軍隊の存在をご存じだろうか。

旧日本軍と思う方もいるかもしれないが、違う。無論自衛隊でも、人気者の日光猿軍団でも人気取りの石原軍団でもない。世界最大種の蜂、オオスズメバチである。翼幅80ミリ、体長40ミリにも達し、地中のデス・スターの如き巨大な巣に1000頭もの兵隊を抱え、昆虫界の切り裂きジャック、オオカマキリさえも襲って噛み砕き、肉団子にする。

獲物の少ない秋の「集団殺戮期」には、彼らは他の蜂の巣を襲う。要塞から飛び立った30頭ほどの機甲師団は、4万頭のセイヨウミツバチを2時間と経たず殲滅、**皆殺し**にする。ミツバチも果敢に反撃するが、オオスズメバチは彼らの5倍。重戦車対ママチャリだ。一撃でミツバチは体を分断され、巣の下には死骸の山が築かれる。オオスズメバチはその死骸の山を掻き分け、ミツバチの幼虫や蛹《さなぎ》を容赦なく奪い去ると、でっぷりと太り、飢えに怒りも露わな幼虫に与えるのだ。

外来種のミツバチはこうして全滅するが、日本固有種のニホンミツバチは秘策を持つ。彼らは『七人の侍』の農民の如くスズメバチの斥候を巣の中に誘いこむ。そして合図と共に一斉に襲撃、500頭もの蜂が斥候をくるみ、布団虫状態の「蜂球《ほうきゅう》」を作ると内部に熱を放射、敵を**熱殺する。**偵察者を始末して、巣の存在をひた隠すのだ。

ミツバチの攻撃性は、その脳に感染したウイルスが持つ「覚悟《Kakugo》」なる名の遺伝子に影響されている可能性もあるという。無力な個が、集団で一斉に右にならうと、大事業を成し遂げてしまう点で、我が国はヒトもハチも同じだが、ヒトの場合、皆が雷同し訳もわからず行ってしまうのが蜂とは違う点だ。無論、覚悟などひとかけらだにない。

[オオスズメバチ]

コロニーは女王蜂、働き蜂、雄蜂などで構成される。昆虫類を捕食。女王蜂は地中などに巣を作る。秋に雄と交尾、離巣し越冬した新女王蜂は春に単独で巣作りをする。ミツバチの「熱殺」行動は玉川大学の小野正人教授が『ネイチャー』に発表した研究で世に知られることとなった。

「昆虫軍」の名にふさわしいオオスズメバチ

生きるための純粋無垢な殺戮に、大義などは一切ない。
刺傷事故での死者数も日本一、毎年マスコミを賑わすが、人間を自発的に攻撃することはない。

神秘か物理的特性か

カローラ・スパイダー

「ギャンブルに勝つ! イイ女をゲット! 幻の水晶護符が幸運を呼ぶ!!」といったベタな煽《あお》り文句の怪しい商品広告がよく雑誌に載っている。左手に札束の扇子、右手で水着美女の腰を抱いた男性が外車を脇に金歯で高笑いというこれまたベタなビジュアルは、広告制作者も大切な何かを投げ出していることを感じさせる。こういった広告の存在は、その煽りに乗せられ「喜びの声殺到の水晶護符・今なら携帯ポーチつき!」などの購入をつい分割払いでお申し込みしてしまう**気の毒な人**が常に一定数存在することを示している。

アフリカのナミブ砂漠に棲むカローラ・スパイダーは水晶をもっと現実的に利用している。彼らはマンホール状の縦穴を地面に掘り、水晶の小石を運んできて、穴の周囲に花弁状に並べる。この小さなストーンサークルは、無論UFOを呼ぶ目印でも神と交信する祭壇でもない。水晶は砂漠の風や敵、そして獲物の微細な振動を探知するセンサーなのだ。クモは水晶から糸を張って身を隠しながら外界をスキャンする。獲物が水晶に触れれば、糸を伝わる振動によりその動きを即座に探知、狙い違わず仕留めて、巣穴に引きずり込む。このクモは電子機器にも応用される水晶の振動特性といったものをも熟知している、道具を、しかも**ハイテクを使用する**クモなのだ。

この節足動物は、生き残るため高度なテクノロジーを、しかもこのような砂漠の過酷な環境下で開発した逞しい生物である。かたや万物の霊長たる人類の方は、ちょっとつらくなるとすぐ波動やら神秘やらクリスタルパワーやらにすがってしまうかよわい生物である。

[カローラ・スパイダー]

南アフリカ西海岸、ナミビアのナミブ砂漠に生息するミヤグモの一種。風や砂の影響がある砂漠ではいわゆる「クモの巣」を張れないため、竪穴式の穴を堀り、水晶(石英)の振動伝達を利用した罠を作り、蟻など小昆虫の獲物を捕らえる。

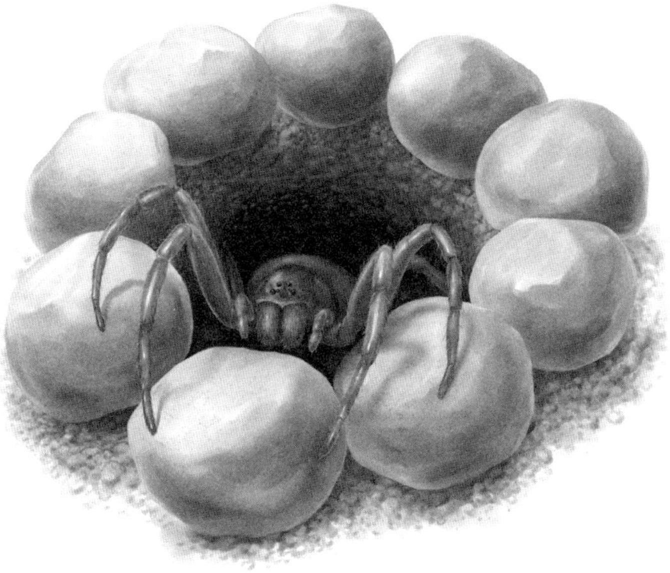

ハイテク罠を設営中

巣穴の周囲に水晶が並ぶさまは、真上から見ると美しい花弁（カローラ）に見える。
だが実際は高度な技術を使った悪魔の罠だ。

群れる魚、群れるヒト

ハタタテカサゴ

魚は群れる。鳥も群れる。猿もイナゴも蛇も、群れる。

ハタタテカサゴはこの群れたがる生物の性質を利用して狩りをする。この魚の背びれは独自の生命を持つかのように不気味に、そして巧妙にその身をくねらせる。**背びれで小魚の物まね**をするのだ。そして安心して近づいた小魚を一気に丸呑みにしてしまう。

この魚もワニガメやチョウチンアンコウのように無害を装い獲物をおびき寄せる「攻撃擬態」タイプの生物だが、「餌」ではなく「仲間」を装う手口は非常に珍しい。自然界のニッチ産業といえる。

花に化けるランカマキリ。ヨシキリを騙し子育てをさせるカッコウ。毒ヘビを真似るキングヘビ。明滅パターンを偽装、他種の雄をおびき寄せ喰い殺す雌蛍。ジョロウグモから獲物をかすめとるイソウロウグモ。自然界は華麗かつ薄汚い騙しのテクニックに満ち溢れている。あるシステムが出来れば、それを欺き、利用する者が必ず現れるのは、自然の理といえるのかもしれない。彼らの世界にマキャベリズムという言葉は存在しない。それがあって当たり前だからだ。

魚は群れる。鳥も群れる。そして寂しさ故に、ヒトも群れる。

そしてヒトも生物の一種なら、この群れる性質の利用を企む者が現れるのもやはり自然の理かもしれない。ヒトの進化過程でも「騙し」の得意な個体が淘汰で生き残ってきた可能性もあるのだ。寂しさのあまり右往左往する小魚ちゃんたちが溢れる今の世は、それを食い物にする者にとってはさぞ生きやすい時代だろう。

［ ハタタテカサゴ ］

体長13センチほど。フサカサゴ科。太平洋、西インド洋に分布。体表を保護色で周囲に溶け込ませ、背びれを小魚のようにくねらせて獲物を誘う。水と一緒に吸い込むことで、瞬時に獲物を捕らえる。自分の体長の半分ほどの獲物も呑みこめる。背びれには毒をもつ。

絶妙の背びれテクで小魚をおびき寄せる

前方の背びれの切れ込みは「口」、模様は「目玉」、そして中央の棘は「背びれ」。
この背びれが小魚そっくりに身をくねらせる様は、滑稽でもあり不気味でもある。

血を吸うカメラ、血を吸うカメムシ

オオサシガメ

忍びよっては生き血をすすり、心筋症を起こす「シャーガス病」の病原体をも媒介する**吸血カメムシ**、オオサシガメは映画『血を吸うカメラ』の主人公と隠微《いんび》さの点では互角かもしれないが、その戦略は緻密で化学的狡知にたけ、虫けらながら見事と呼ぶ他はない。

オオサシガメは、血液の凝固を阻害する「プロリキシン−S」という特殊なタンパク質を唾液腺で合成。血管を弛緩させる作用をもつ化学物質、NO(一酸化窒素)をこれに結合させ、人間の血管に注入。2つの物質は、血液の温度・pHの状態により分離、それぞれ血液凝固阻止、血管弛緩という各々の機能を果たし始める。人間の高度に複雑化した止血機構を化学的とんちでだまくらかし、血管を広げ、血も固まらせず、サラサラ血液を15分で300ミリグラムという、体が6倍にも膨れあがるほどの高効率で吸血する。

この頭痛が起きそうな化学的プロセスを聞けば、誰しも大きな疑問を持つだろう。何故こんな虫がこのような高度な化学戦略を備えているのだろう? どのようにしてこの複雑なメカニズムは完成されたのだろう? 現在のネオダーウィニズム的進化論—突然変異と自然淘汰による適者生存—はこれを説明できるのだろうか?

血液凝固阻害作用をもつ「プロリキシン−S」を、血栓症などを抑える新薬剤の素材分子に応用する研究をされている三重大学医学部の鎮西康雄博士にこの素朴な疑問をぶつけてみた。一体このムシはどこでこんな技を会得したのでしょう? 博士の答えはこうである。

「それが解明できればノーベル賞の3つぐらいは貰えそうです」

[オオサシガメ]

体長3センチほど。不完全変態をする半翅目に属するサシガメ類の一種。中南米に生息。雄雌ともに、また幼虫(1齢〜5齢)も成虫も吸血する。唾液腺に血液凝固阻害、血管弛緩などの機能をもつ生理活性物質を含む。糞で風土病を媒介する。新和名はベネズエラサシガメ。

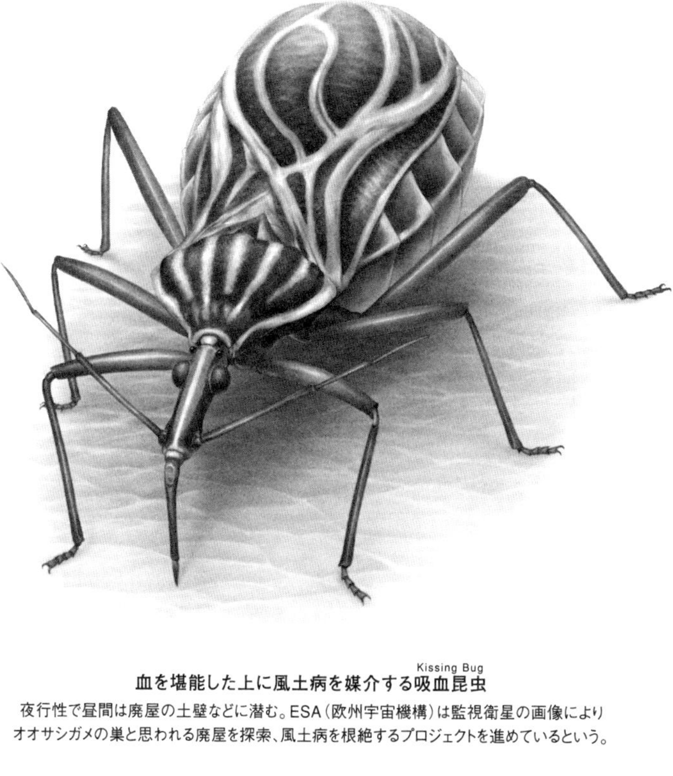

血を堪能した上に風土病を媒介する吸血昆虫《Kissing Bug》

夜行性で昼間は廃屋の土壁などに潜む。ESA（欧州宇宙機構）は監視衛星の画像により
オオサシガメの巣と思われる廃屋を探索、風土病を根絶するプロジェクトを進めているという。

モスラが見たら嘆きそう

ハワイアン・キラー芋虫

のろ臭くひ弱という従来の芋虫《いもむし》のイメージを斬新に、そして非道に刷新する新種の芋虫が2005年7月にハワイで発見された。

この芋虫は餓死しかかっても葉っぱなどは食わない。**カタツムリを襲って喰い殺すのだ。**本来なら繭《まゆ》作りに平和利用すべきその糸でカタツムリを葉の上にがんじがらめに縛りつけ、殻に頭を突っ込んでその柔らかい肉を食い尽くす。食い終わった空き殻は、カモフラージュ用に自分のミノに縫いつけて再利用したりもする。合理的かつ酷薄なやり口だ。ハワイ島は、こんな芋虫が存在するほど多種多様な生物相、独自の生態系を有した特異な島なのだ。

幼虫が肉食なら、当然親虫も獲物の体液をすする恐怖の吸血蛾かと思えば、羽化するとおとなしい**フツウの蛾**になってしまうというから自然界とは、深い。生物学者は、ハワイにはこの他にも未知の生物が多く存在するだろうと語る。ハワイは人工のリゾートやビーチの奥にこのような生々しい野生が息づく場所なのだ。

エコツアーなどに参加し、精霊「マナ」が宿るという、こういった生の自然の営みに触れれば、それこそ本物の心の癒しになるかもしれない。だが、昼は海だビキニだアロハオエ、人造ビーチでバカ騒ぎ。夜はラム酒をかっ食らい、カラオケでやっぱりバカ騒ぎ、そして最終日に仕事のミスを思い出しぐったりのディナーショー付き3泊4日というのが多くのヴァカンスなるものの実態だ。我々は結局都市という殻に閉じこもり、日々の生活にがんじがらめに縛り付けられている存在なのだ。

[ハワイアン・キラー芋虫]

全長8ミリほど。鱗翅目カザリバガ科。*Hyposmocoma molluscivora*。鱗翅目の15万種の記載種のうち0.13%が肉食であるが、ほとんどが柔らかい昆虫を餌とするもので、軟体動物を餌とする蛾の幼虫として公式に記載されたのは今回が初めて。正式な和名はまだない。

1時間以上かけて入念にカタツムリを縛る

自分の「ミノ」でカタツムリを殻の奥に押しやり、徹底的に退路を断つ。
なお、「ハワイアン・キラー芋虫」は本書の造語であり、うっかりよそで言うと恥をかくので注意されたい。

装甲妖精《アーマード・フェアリー》

ヒメアルマジロ

1920年代、イギリスのコティングリー村で、2人の少女が妖精《フェアリー》と一緒に撮ったと称する写真を発表した。ホームズの生みの親、コナン・ドイルは何故かこの写真に執心、「妖精実在の証拠」として公開したが、後にこれはインチキであることが判明してしまった。

だが、妖精は実在するのだ。**手の平サイズ**の大きさで、実用にはおよそ不向きとも思われるような愛らしい**ピンク色の装甲板**と、長く艶《つや》やかな純白の和毛《にこげ》に覆われた、「妖精《フェアリー》アルマジロ」の異名をとるアルゼンチン産のヒメアルマジロは、その小鳥のような可憐さにおいては他のアルマジロ類の比ではなく、まさに妖精そのものといえよう。

この小さく、そして身持ちも堅い姫様は、普段はおっとりとしているが、いざ危険が迫ると日頃のたおやかさもかなぐり捨て、素早く地中に潜り、ビン底のようなお尻の装甲板で、穴の蓋をしっかりと締めてしまう。お行儀は悪いが、「鎧を着た小さきもの」というスペイン語に由来する英名、「Armadillo」のとおりの、万全の防備だ。

しかし妖精とはやはりはかない存在だ。ヒメアルマジロはこの10年で個体数も50%にまで減少、近い将来絶滅の危機が非常に高い種である。他のアルマジロの種も絶滅の危機にあるが、種の保存のための組織的努力も今のところなされていないという。

アルマジロの甲羅を使った「チャランゴ」なる南米のギターは、夕闇を震わすような哀愁の音色を奏でる。この生き物はその身をもって自身の運命を奏でているのかもしれない。

［ヒメアルマジロ］

体長8センチ～12センチ。哺乳綱貧歯目。アルゼンチンの乾燥した草原などに棲む。昆虫、軟体動物、植物などを食べる雑食性。夜行性で単独行動をとる。動作は緩慢だが、危険を感じるとすぐ穴を掘って隠れる。アルマジロ類の中で最も小さい。

アルマジロ類で最も小さい妖精

オオアルマジロ(75〜110センチ)などと比べると格段に小さい。
尾をあげることはできず、ひきずって歩く。今までの最高飼育記録は4年。
絶滅の危険が非常に高い。

小さな小さな小さな希望

ホウネンエビ

昔、「シーモンキー」という小さな水生生物の飼育が流行したことがある。大抵母ちゃんが掃除の際に容器を蹴倒して全滅させてしまい、正体不明のままに終わるのが常の、謎の生物であった。

シーモンキーは「ブラインシュリンプ」という米国の塩水湖に棲む小さな甲殻類の一種で、淡水に棲む日本のホウネンエビはその近縁種である。初夏の水田に一斉に現れたかと思うと一斉に消え、豊作を予言するとも言われてきた。孵化から短期間で成熟、交尾して、乾燥や温度変化に耐える耐久卵を産み、そのごく短い生涯を終える。

水質に極めて敏感な彼らは、戦後の農薬一辺倒の農業の影響か姿を消し、絶滅したかと思われていたが、近年の農薬取締法改正や、農薬偏重から天敵なども組み入れた総合防除に移り変わってきた結果か、近年その姿が各地の水田で確認されるようになった。菜の花を田に鋤きこんだり、特殊な「除草下駄」を使用したりといった無農薬除草法の試みも一定の効果を確認されているといい、ホウネンエビはこれから増えていく可能性もある。これは環境破壊が叫ばれる状況に、小さくとも明るい光を投げかける1つの例かもしれない。

ホウネンエビやブラインシュリンプを含む甲殻綱無甲目の仲間は、原始時代の特徴をそのまま残していると言われ、ブラインシュリンプのある種が産む耐久卵は、**一万年を経ても孵化**することが放射性炭素測定でわかったという。つまり、今生まれた彼らの卵は、環境さえ整えば一万年後の世界に誕生することもできるわけだ。

一万年後、日本人は、そして人類は果たしてどうなっているだろうか。

［ ホウネンエビ ］

体長1.5〜2センチほど。甲殻綱無甲目。初夏に水質の良い水田に現れ、産卵を終えるとひと月ほどで姿を消す。渦巻き上に群泳する性質がある。雄は雌を触角で固定して交尾する。卵は土中で乾燥、低温などに耐えながら休眠し、水質が適した状態になると孵化する。

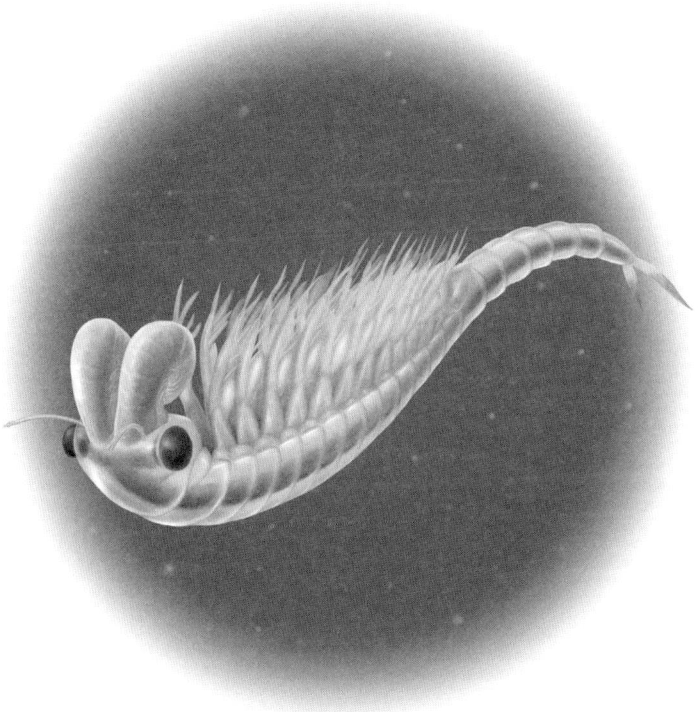

腹を上に向け、優雅に泳ぐホウネンエビ

減農薬などのせいか近年はその姿が再び見られるようになった。
だが減農薬イコール安全な作物、と断定するのは早計という生産者の声もある。

参考文献

動物好きの人のオモシロ事典/KK ベストセラーズ
海の UFO クラゲ/バンダイ出版
イラスト辞典深海生物図鑑　北村雄一 著/同文書院
クラゲガイドブック/TBS ブリタニカ
海の生物/平凡社
このすばらしき生き物たち 荒俣宏 編/角川書店
動物の神秘を探る/白揚社
世界の怪動物 99 の謎　実吉達郎 著/二見書房
動物界の驚異と神秘/日本リーダースダイジェスト
ふしぎな動物たち　アキムシキン他 著/総合出版
無脊椎動物の驚異　リチャード・コニフ 著/青土社
驚異の動物七不思議/文藝春秋
動物たちの不思議な世界
V・ガディス、M・ガディス 共著/白揚社
超能力を持った昆虫/日本テレビ放送網
動物たちの地球/朝日新聞社
南紀生物/南紀生物同好会
動物系統分類学第八巻（中）棘皮動物/中山書店
原色検索日本海動物図鑑/保育社
基礎生物学/恒星社厚生閣
大自然の不思議発見 2/創造科学研究会
うみうし通信/水産無脊椎動物研究所
生物の動きの辞典/東昭 著/朝倉書店
クモの巣と網の不思議　多様な網とクモの面白い生活
池田博明 編/文葉社
イカ・タコガイドブック
土屋光太郎 山本典暎 阿部秀樹/阪急コミュニケーションズ
ナマコガイドブック/阪急コミュニケーションズ
クラゲガイドブック
並河洋 楚山勇 写真/阪急コミュニケーションズ
貝のミラクル　軟体動物の最新学/東海大学出版会
深海生物学への招待　長沼毅 著/日本放送出版協会
動物大百科 14/平凡社
動物大百科 15/平凡社
貝と水の生物/旺文社
原色現代科学大事典 4　動物/学研
原色日本大型甲殻類図鑑/保育社
深海　The deep ocean　久保川勲 著/誠文堂新光社
ライフネイチャーライブラリー　海/Time books
ライフネイチャーライブラリー　魚類/Time books
ライフネイチャーライブラリー　爬虫類/Time books
ライフネイチャーライブラリー　昆虫/Time books
貝殻・貝の歯・ゴカイの歯　大越建嗣 著　成山堂書店
白蟻の生活/モーリス・メーテルリンク 著/工作舎
ダーウィン・ウォーズ　遺伝子はいかにして利己的な神となったか
アンドリュー・ブラウン 著/青土社
ヘッピリムシの屁　動植物の化学戦略
ウイリアム・アゴスダ 著/青土社
逃げろツチノコ　山本素石 著/筑摩書房
幻のツチノコ　山本素石 著/つり人社
神秘の現世動物　ツチノコの正体　手嶋蜻蛉著/三一書房
幻の怪蛇・バチヘビ　矢口高雄 著/講談社コミックス
恋の動物行動学　モテるモテないは何で決まる？
小原嘉明 著/日本経済新聞社
ウミウシガイドブック 沖縄．慶良間諸島の海から
小野篤司 著/阪急コミュニケーションズ
大昆虫記　熱帯雨林編　増補版　海野和男 著/データハウス
世界珍獣図鑑　今泉忠明 著/桜桃書房
海の生きもの/丸善
毒をもつ動物/丸善
学習百科図鑑 36　両生・はちゅう類/小学館
ブラインド・ウオッチメイカー　リチャード・ドーキンス 著/早川書房
空飛ぶ円盤　C・G・ユング/ちくま学芸文庫
ナショナルジオグラフィック 2004　3月号
ダーウィンよさようなら　牧野尚彦/青土社
Venus　2004　1月号/日本貝類学会
タクサ第 12 号/日本動物分類学会
Actinia 12 号
/横浜国立大学教育人間科学部附属理科教育実習施設
動物の世界大百科/日本メールオーダー社
原色日本魚類図鑑/蒲原稔治 著　保育社
世界大博物図鑑　蟲類　荒俣宏 著/平凡社
カラーグラフィック　危険な海洋生物
ブルース・W・ハルステット 著　大泉康監訳　廣川書店
沖縄有毒害生物大事典　動物編　白井祥平 著　オーキッド社
昆虫　オーデュボンソサイエティブック
レス・ラインほか編著　太地実訳　旺文社
学研の大図鑑　世界絶滅危機動物
今泉忠明・小宮輝之著　学研
図説人体寄生虫学　改訂第 6 版　吉田幸雄著　南山堂
朝日百科 2 動物たちの地球　無脊椎動物　朝日新聞社
朝日百科 3 動物たちの地球　昆虫　朝日新聞社
魚の分類の図鑑　上野輝彌・坂本一男著 東海大学出版会
日本動物大百科 7　無脊椎動物　日高敏隆監修　平凡社
日本動物大百科 10　昆虫 III　日高敏隆監修　平凡社
世界珍獣図鑑　今泉忠明著　桜桃書房
動物の世界大百科　日本メールオーダー社
クモの不思議な生活
マイケル・チナリー著　斎藤慎一郎訳　晶文社
ペットと日本人　宇都宮直子著　文藝春秋
虫の名、貝の名、魚の名
青木淳一・奥谷喬司・松浦啓一 編著　東海大学出版
ザ・海の無脊椎動物
安倍肯治著　小林道信写真　誠文堂新光社
擬態　自然も嘘をつく
W・ヴィックラー著　羽田節子訳　平凡社
爬虫類の進化　疋田努著　東京大学出版会
地球の生きものたち
デーヴィッド・アッテンボロー 著　早川書房
乱交の生物学
ティム・バークヘッド著　小田亮、松本晶子訳　新思索社
貝のパラダイス
岩崎敬二著　東海大学出版会
さよならダーウィニズム
池田清彦著　講談社選書メチエ
カール・セーガン　科学と悪霊を語る
カール・セーガン 著　青木薫 訳　新潮社
江戸時代にみる日本型環境保全の源流　農文協編
動物行動学入門　同時代ライブラリー
P・J.B.スレーター 著　日高敏隆訳　岩波書店
エコロジー スティーブン・クロール著 玉村和子訳 現代書館
大絶滅ー遺伝子が悪いのか運が悪いのか？
ディヴィッド・M・ラウプ 著　渡辺政隆訳　平河出版社
失われた動物たちー20世紀絶滅動物の記録
プロジェクトチーム編
世界自然保護基金日本委員会監修　広葉書林
生物の保護は何故必要か　バイオダイバシティ　生物多様性という考え方
ウォルター・V・リードケントン・R・ミラー著 藤倉良 編訳・解説
小笠原ことばしゃべる辞典
ダニエル・ロング　橋本直幸編　南方新社
生態系を蘇らせる　鷲谷いづみ著　NHK ブックス

「進化」大全　カール・ジンマー著　渡辺政隆訳　光文社
原始時代の絶滅動物　人類が滅ぼした動物たち
黒川光広作　今泉忠明 監修　童心社
ドクター・タチアナの男と女の生物学講座
オリヴィア・ジャドソン 著　渡辺政隆訳　光文社
生命 40 億年全史
リチャード・フォーティ著　渡辺政隆訳　草思社
フシギな寄生虫　藤田紘一郎著　日本実業出版社
貝のミラクル
奥谷喬司編著　東海大学出版会
猛毒動物の百科　改訂版　今泉忠明著　データハウス
ソロモンの指輪
コンラート・ローレンツ著　日高敏隆訳　早川書房
海洋動物の毒　塩見一雄・長島裕二著　成山堂書店
しくみ発見博物館 7　海の生きもの
ミランダ・マキュティ著　武田正倫訳　丸善
しくみ発見博物館 9　動物の生殖
ディヴィッド・バーニー著　遠藤・武田・山崎訳　丸善
しくみ発見博物館 10　毒をもつ動物
ティリーザ・グリーナウェイ著　遠藤・武田・山崎訳　丸善
Newton 別冊　動物の不思議　ニュートンプレス
大阪市立自然史博物館総合案内
バイオディバーシティ・シリーズ 5
無脊椎動物の多様性と系統　岩槻・馬渡監修　裳華房
地球絶滅昆虫記　黒澤良彦監修　猪又敏男著　竹書房
図説世界の昆虫 4　南北アメリカ編
阪口浩平著　保育社
小さな海の仲間たち　エビ・カニ・ウミウシ
舘石昭・石川肇・松島正二・北川暢男・原田雅章・
水中造形センターマリンフォトライブラリー　水中造形センター
サメ　矢野和成著　東海大学出版会
おもしろ自然・動物保護講座　小原秀雄著　東洋書店
うみうし通信 Vol.11,12,13　(財) 水産無脊椎動物研究所
クモ・ウオッチング　P・ヒルヤード著　新海栄一訳　平凡社
海の危険生物ガイドブック
山本典暎著　阪急コミュニケーションズ
クラゲガイドブック
並河洋著　楚山勇写真 阪急コミュニケーションズ
本州のウミウシ　中野理枝著　ラトルズ
ナマコガイドブック 本川達雄他著　阪急コミュニケーションズ
生物多様性キーワード事典
生物多様性政策研究会編　中央法規出版
SUPER AQUARIUM1998　No.27　鳥羽水族館
とんまつり JAPAN
みうらじゅん著　集英社文庫（バットフィッシュ）
Polychaetes Rouse&Pleijel
Oxford Univ.Pr（オニイソメ）
うみ　La mer 1997.1 号　日仏海洋学会（オニイソメ）
ワンダフル・ライフ
スティーヴン・ジェー・グールド著　渡辺政隆訳
早川文庫（カギムシ）
Spiders of the World
Rod & Ken Preston-Mafham
Brandford Press（シリキレグモ）
イヌからネコから伝染るんです
藤田紘一郎著　講談社（ネコカイチュウ）
出会いを楽しむ海中ミュージアム
楚山いさむ 著　山と渓谷社（トラフカラッパ）
水族館のわき役たち　寺本賢一郎著　研成社（トラフカラッパ）
外来水生生物事典
佐久間功・宮本拓海著　柏書房（ジャンボタニシ）
魚の形を考える
松浦啓一編 著　東海大学出版会（ダルマザメ）
海の生き物 100 不思議
東京大学海洋研究所 編　東京書籍（シロワニ）
魚のエピソード　尼岡邦夫編著　東海大学出版会（シロワニ）
蚊の不思議 宮城一郎編著　東海大学出版会（オニボウフラ）
ウナギのふしぎ　リチャード・シュヴァイド著　梶山あゆみ訳
日本経済新聞社（オオウナギ）
化学と生物　抜粋　第39巻　第2号　2001 年（オオサシガメ）
昆虫に学ぶ　木村滋著　工業調査会（オオサシガメ）
Med.Entomol.Zool.vol.51 Mo.1 2000
吸血生昆虫唾液腺の生理活性物質とその機能　鎮西康雄
（オオサシガメ）
スズメバチ　中村雅雄 著　八坂書房（オオスズメバチ）
スズメバチの科学　小野正人著　海游社（オオスズメバチ）
大阪市立自然史博物館ミニガイド No.6
スズメバチとアシナガバチ（オオスズメバチ）
魚類学雑誌　Vol.39 No.1　日本魚類学会（サケビクニン）
三重大学水産学部研究報告　第 9 号（ダイオウグソクムシ）
魚類学会雑誌　Vol.37 No.1 日本魚類学会（ダルマザメ）
CANCER 第 8 号　日本甲殻類学会（トラフカラッパ）
甲殻類の研究　9 号　日本甲殻類学会（トラフカラッパ）
寄生虫カラーアトラス　小動物臨床
板垣博・深瀬徹著　インターズ（ネコカイチュウ）
ナショナルジオグラフィック日本版　2004 年 7 月号（ヒヨケムシ）
別冊日経サイエンス 143
世界を脅かす感染症とどう闘うか
日経サイエンス社（フィエステリア）
川が死で満ちるとき　ロドニー・バーカー著
渡辺政隆・大木奈保子訳　草思社（フィエステリア）
月刊海洋号外 No31 海洋出版株式会社（フィロソーマ）
カエルの不思議発見
松井孝爾 著　講談社（フクロアマガエル）
むしはむしでもはらのむし通信　第 181 号
財団法人目黒寄生虫館（フタゴムシ）
目黒寄生虫館ガイドブック
財団法人目黒寄生虫館（フタゴムシ）
日本水産学会誌　第 44 巻　12 号（フタゴムシ）
日本水産学会誌　第 52 巻　8 号（フタゴムシ）
寄生虫館物語　亀谷了著　文藝春秋（フタゴムシ）
茨城県自然博物館研究広告　第 4 号　2001 年 3 月（メンダコ）
月刊たくさんのふしぎ　2005 年 1 月号　ものまね名人ツノゼミ
森島啓司　文・写真　福音館書店（ミカヅキツノゼミ）
文明とカサガイ　マーティン・ウェルズ著
長野敬・野村尚子訳　青土社（ナスビカサガイ）
ウイルスってなんだろう
岡田吉美著　岩波ジュニア新書（ファージ）
バクテリオファージ
ガンナー・シーグマンド・ステント著
渡辺格・三宅端・柳沢桂子訳　岩波書店（ファージ）
NHK 人間講座　ウイルス　究極の寄生生命体
山内一也著（ファージ）
ANIMAL EYES
Land & Nilsson Oxford Univ.pr（モンハナシャコ）
視覚生理学の基礎
江口英輔著　内田老鶴圃（モンハナシャコ）
両生類の進化
松井正文著　東京大学出版会（フクラガエル）
もっと知りたい魚の世界
大方洋二著　海游社（ミノアンコウ）
どうぶつたちへのレクイエム　児玉小枝著　日本出版社（イヌ）

早川 いくを

1965年東京生まれ。多摩美術大学グラフィックデザイン科卒業。広告制作会社、出版社勤務を経て、文筆とデザインを同時にこなす、「デザイン・ライター」として出発。デザインの仕事は主にブックデザイン。主な出版物に戦意高揚ポスターのパロディ「黙って俺についてこい文句がある奴ァ爆撃だ(監訳)」(バジリコ刊)他、雑誌に寄稿など。

寺西 晃

イラストレーター。1964年生まれ。現在、大阪在住。広告からエディトリアルまで幅広く活躍している。展覧会など多数。大阪の挿絵画家集団「七人の筆侍」の一匹。その筆さばきは鋭く、一筆で石灯籠を真っ二つにするといわれている。
http://www.akirat.com/

せいぞろい　へんないきもの

2009年3月18日　初版第1刷発行
2014年5月7日　初版第12刷発行

著　者　早川いくを
イラスト　寺西晃
発行人　長廻健太郎
発行所　バジリコ株式会社
〒130-0022
東京都墨田区江東橋3-1-3
電話　03-5625-4420
ファックス　03-5625-4427

印刷・製本　新灯印刷・東京美術紙工

ISBN 978-4-86238-130-9

http://www.basilico.co.jp